CHEMIE UND STRUKTUR

DER

PFLANZEN-ZELLMEMBRAN

VON

Dr. J. KÖNIG und Dr. E. RUMP

IN MÜNSTER I. W.

SPRINGER-VERLAG BERLIN HEIDELBERG GMBH

1914

ISBN 978-3-642-89433-6   ISBN 978-3-642-91289-4 (eBook)
DOI 10.1007/978-3-642-91289-4
Softcover reprint of the hardcover 1st edition 1914

Inhalt.

I. Teil.

Geschichtliche Entwickelung der Frage.

Die während des Wachstums der Pflanze durch die Tätigkeit des Protoplasmas sich verdickende Zellmembran ist kein einheitliches Gebilde, sondern weist neben ihrer Grundsubstanz, der Cellulose, noch andere Stoffe auf, die von der Cellulose teils umgeben, teils mit ihr verwachsen sind. Diese Begleitsubstanzen der Cellulose werden als Inkrusten bezeichnet. Seit Jahrzehnten ist man bemüht, das Wesen und die Zusammensetzung der einzelnen, die Zellmembran bildenden Stoffe zu erforschen. Die Arbeiten auf diesem Gebiete haben sich so gehäuft, daß es nicht überflüssig erscheint, über den Gang der Forschungen und die allmähliche Entwickelung der zur Zeit herrschenden Anschauung einen Überblick zu geben. Diesbezügliche Untersuchungen reichen bis in den Anfang des vorigen Jahrhunderts zurück.

Unter den Elementaranalysen von Gay Lussac, Thénard und Prout[1]) befinden sich auch solche von verschiedenen Holzarten, deren Grundsubstanz schlechthin als Holz- oder Rohfaser bezeichnet wird. Nach Raspail[1]) bestehen die Gefäßzellen aus Gummi und Kalk. Im Jahre 1819 wurde von Braconnot[1]) und 1822 von Authenrieth und Bayerhammer[1]) durch Einwirkung von kochender Schwefelsäure auf Holzfasern Traubenzucker erhalten.

Erdmann und Payen haben als erste eine weitere Zergliederung der pflanzlichen Membran durchgeführt, die Eigenschaften einzelner ihrer Bestandteile gezeigt und dadurch den Grund zu weiteren Forschungen gelegt, weshalb es angebracht erscheint, auf die Arbeitsmethoden und die Ergebnisse genannter Forscher näher einzugehen.

Erdmann[2]) sagt, daß sich beim Reifungsvorgang der Birnen in krankhaften Zellen statt des Zuckers eine harte Substanz bildet, die sich schichtweise innen an die primäre Membran anlagert, wodurch die Zellwände häufig so verdickt werden, daß in der Mitte kaum ein Lumen bleibt. Schon Turpin hat diese verhärtende Substanz erwähnt und sie für einen besonderen Stoff gehalten, dem er den Namen „sclèrogéne" gab. Erdmann gewann diese Verhärtungen durch Behandeln der aufgeweichten Birnen mit sehr verdünnter Essigsäure und Schlämmen mit Wasser. Er gab der getrockneten körnigen Masse den Namen „Glykodrupose", um auf das häufige Vorkommen dieser Verhärtungen bei den Drupaceen hinzuweisen. Diese Glykodrupose zerlegte Erdmann mit Salzsäure in eine Lösung, in der er Traubenzucker nach-

---

[1]) Genaue ausführliche Literaturangaben siehe Czapek: „Biochemie der Pflanzen", Bd. 1.
[2]) Annal. d. Chemie **138**, 3 Erdmann, Über die Konkretionen der Birnen.

wies, und einen unlöslichen Anteil, den er „Drupose" nannte. Aus dieser letzteren erhielt er durch Behandeln mit verdünnter Salpetersäure gelbgefärbte Körner, die bei der Analyse die Zusammensetzung der Cellulose ergaben. Neben dieser Art Cellulose beobachtete Erdmann noch eine Cellulosesubstanz von anderen Eigenschaften und höherem Kohlenstoffgehalt.

Payen[1] unterschied von der Cellulose eine inkrustierende Substanz (matière incrustante), die Fr. Schulze und Dragendorff später Lignin nannten.

Der Begriff der Cellulose und das Vorkommen von inkrustierenden Substanzen hat dann zwischen den beiden französischen Forschern Fremy und Payen zu häufigen wissenschaftlichen Auseinandersetzungen geführt. Nach Fremy[2] bestehen die Wandungen der Pflanzenzellen nicht aus nur einem Stoff, sondern aus mehreren. Nach Auflösen der Cellulose durch wässeriges Kupferoxydammoniak bleibt die innere Membran als ungelöstes, grüngefärbtes pektinsaures Kupferoxyd zurück. Aus dieser Verbindung kann die Pektinsäure durch Behandlung mit Säuren wieder abgeschieden und in Kalilauge gelöst werden. Auf solche Weise zerlegte Payen die stärkefreien Zellen von Früchten und Wurzeln. Da die gleiche Behandlung des Markes gewisser Bäume und des schwammigen Gewebes von Champignons jedoch zu anderen Ergebnissen führte, glaubte Payen die Existenz verschiedener Cellulosen annehmen zu müssen. Ferner erhielt er beim Behandeln der Zellen von Früchten und Wurzeln mit Säuren und Alkali, z. B. Kalk, noch eine neue Säure, die er Cellulinsäure nannte, und zwar sollte diese, da sie beide im gereinigten Zustande die Säure nicht lieferten, nicht aus Pektinstoffen oder der Cellulose stammen. Das in Wasser lösliche Kalksalz der Cellulinsäure fällte er mit Alkohol und zersetzte es mit Oxalsäure.

Nachher behauptete Payen[3], daß das Vorhandensein isomerer Modifikationen der Cellulose nicht anzunehmen sei, daß vielmehr das verschiedene Verhalten verschiedener Arten von Cellulosen auf einen ungleichen Kohäsionszustand der Cellulose und auf Beimengungen zurückgeführt werden müßte. Pektinverbindungen wollte Payen als Bestandteile der Zellmembran nicht wahrgenommen haben. Diese Auffassung Payen's bestritt wiederum Fremy[4], denn die Löslichkeit celluloseartiger Körper stände in keiner Beziehung zu der Härte derselben. Er warf für seine Behauptung: „Vorkommen isomerer Substanzen in der Zellmembran" eine weitere Frage auf, nämlich ob es möglich sei, daß diese isomeren Substanzen durch geeignete Reagenzien in ein und denselben Zustand übergeführt werden könnten. Er kochte zu diesem Zwecke gereinigtes, in wässerigem Kupferoxyd-Ammoniak völlig unlösliches Reispapier mit verdünnter Mineralsäure oder Alkali und fand, daß dasselbe durchsichtig wurde, aufquoll und in eine in Kupferoxyd-Ammoniak lösliche Cellulose umgewandelt sei, während er diese Vorgänge bei gleicherweise behandeltem Gewebe von Champignons nicht fand.

Während Payen[5] in einer weiteren Arbeit bei seiner Auffassung beharrte, sagte Pelouze[6], daß die durch wässeriges Kupferoxyd-Ammoniak aus Pflanzenfasern gelöste und aus dieser Lösung durch eine schwache Säure gefällte Cellulose sich in einer Salzsäure von solcher Verdünnung löse, wie sie nicht imstande sei, Papier,

---

[1] Journal für prakt. Chemie **16**, 436.
[2] Compt. rend. **48**, 202; Jahresber. f. d. Fortschr. d. Chemie 1859.
[3] Compt. rend. **48**, 210; Jahresber. f. d. Fortschr. d. Chemie 1859.
[4] Ebendort **48**, 275; Ebendort.
[5] Compt. rend. **48**, 319.
[6] Ebendort **48**, 210, 327.

Charpie oder Baumwolle zu lösen. Nach dem Schmelzen des erhaltenen Produktes mit Alkali, Lösen in Wasser und Fällen mit Säure erhielt Pelouze einen Körper, der sich wie gewöhnliche Cellulose in Zucker umwandeln ließ. Daher hielt er diesen Körper für isomer mit Cellulose.

Später erkennt Payen[1]) nach den Arbeiten von Pelouze zwar das Vorkommen isomerer Arten von Cellulose an, entgegnete aber, es lasse sich dennoch im allgemeinen sagen, daß die Zellmembranen, Fasern und Gefäße der Pflanzen aus Cellulose beständen, und daß das Vorhandensein einer von der löslichen Cellulose chemisch zu unterscheidenden Cellulose dadurch noch nicht bewiesen sei, daß die in Kupferoxyd-Ammoniak unlösliche Pflanzen-Cellulose durch Kochen in Essigsäure, wobei die Struktur der Zellen unversehrt bleibe, in lösliche Cellulose umgewandelt würde.

In einer besonderen Abhandlung über die Cuticula nimmt Fremy[2]) verschiedene Cellulosen an. Den Namen Cellulose beschränkte er nur auf diejenige Cellulosesubstanz, die sich direkt in wässerigem Kupferoxyd-Ammoniak löst, die isomere dagegen, die erst durch Behandlung mit Säuren in dem obigen Reagens löslich werde, nannte er Paracellulose und die in dem Reagens unlösliche Cellulose Metacellulose.

Aus der Cuticula der Blätter des Apfelbaumes hat Fremy nach einhalbstündigem Kochen mit verdünnter Salzsäure, Behandeln mit wässerigem Kupferoxyd-Ammoniak, Salzsäure, verdünnter Kalilauge, Alkohol und Äther eine mikroskopisch strukturlose Masse gewonnen in einer Menge von 1,0—1,5 %, die in verdünnter Kalilauge, Kupferoxyd-Ammoniak, siedender Salzsäure, kalter Schwefelsäure und Salpetersäure unlöslich war und die Zusammensetzung 73,60 % C, 11,43 % H und 14,97 % O hatte. Diesen Körper nannte Fremy „Cutin", das sich auf Grund der obigen Zusammensetzung den Fetten nähert, beim Sieden mit Salpetersäure Korksäure gab und sich durch Kalilauge vollständig verseifen ließ. Aus dieser Seife schied er eine flüssige fette Säure, anscheinend Ölsäure, ab.

In einer weiteren mit Urbain[3]) ausgeführten Arbeit wird dieser Befund bestätigt. Die aus den Blättern der Agave gewonnene Cutose spaltete sich mit Salpetersäure in eine harzige Masse und Korksäure, mit Alkali in zwei Fettsäuren, eine feste, die Stearocutinsäure und eine flüssige, die Oleocutinsäure. Die Zusammensetzung der Cutose berechnete er zu 68,29 % C, 8,95 % H, 22,76 % O.

In einer besonderen Arbeit über das Holz, das Fremy[4]) in drei Bestandteile, die Fasern, das Zellgewebe und die eigentlichen Gefäße, zerlegte, isolierte er diese einzelnen Bestandteile und nannte den nach stufenweiser Behandlung mit verdünnter Kalilauge, Salzsäure von allmählich steigendem Gehalt bis zur rauchenden Salzsäure, mit kalter Schwefelsäure, Wasser, Alkohol und Äther verbleibenden Rückstand die „Vasculose." Diese zeichnete sich durch ihre Unlöslichkeit in konzentrierten Säuren und Kupferoxyd-Ammoniak und durch ihre Löslichkeit in konzentrierter siedender Kalilauge aus. Das Zell- oder Utriculargewebe, welches die Markstrahlen bildet, bestand nach Fremy aus „Paracellulose", die sich gegen Lösungsmittel wie die Vasculose verhielt. Unlöslich dagegen waren die Holzfasern, die nach Waschen mit Wasser, Alkohol und Äther rein weiß aussahen und unter dem Mikroskop noch ihre Struktur zeigten. Diese weißen Holzfasern nannte er „Fibrose",

---

[1]) Ebendort **48**, 328, 358; Jahresber. f. d. Fortschr. d. Chemie 1859.
[2]) Compt. rend. **48**, 667.
[3]) Compt. rend. **48**, 667; Jahresber. f. d. Fortschr. d. Chemie 1859.
[4]) Ebendort **48**, 862; Ebendort 1859.

löslich wie die Cellulose in Schwefelsäure, aber ohne Bildung von Dextrin. Das Vorhandensein von inkrustierenden Substanzen, die sich in den Zellen und Fasern ablagern und deren Härte bedingen sollten, leugnete Fremy an dieser Stelle ab.

In einer späteren mit Terreil[1] ausgeführten Arbeit teilte Fremy die Bestandteile der Holzmembran dagegen ein in 1. eigentliche Cellulose, 2. inkrustierende Substanzen, 3. Cuticularsubstanz. Die inkrustierenden Substanzen bestanden ihrerseits wiederum aus drei Teilen: a) einem in Wasser löslichen, b) einem in Kalilauge löslichen und c) einem erst nach Behandlung mit Chlor in Kalilauge löslichen Teil. Die Stoffe No. 2 und 3 entfernten sie durch mehrmalige Behandlung mit Chlorwasser 1 : 100 und isolierten dadurch die Cellulose — wie wir später sehen werden, ist dieses für die Substanz No. 3, die Fremy erst Cutin genannt hat, nicht möglich —, die Stoffe No. 1 und 2 durch das Schwefelsäuregemisch, dem die Cutikularsubstanz widerstand, und aus der Differenz der beiden Bestimmungen die inkrustierenden Substanzen. Von der Cellulose fand Fremy bei Eichenholz etwa 40 %, von der Cutikularsubstanz 20 %. Inkrustierende Substanzen demnach 40 % und zwar 10 % in Wasser, 15 % in Alkali und 15 % in Alkali nach Behandlung mit Chlor löslich.

Die angeführte Vasculose Fremys soll nach Dragendorff[2] im wesentlichen übereinstimmen mit seinem Lignin. Dragendorff gibt einen für die damalige Zeit höchst interessanten Überblick, wie er in der Lage ist, mit einem Aufwand von 30—50 g der zu untersuchenden Substanz, qualitative und auch meistens quantitative Gesamtanalysen durchzuführen, und dürfte es aus historischem und wissenschaftlichem Interesse gerechtfertigt erscheinen, in Kürze den Analysengang, der fast in Vergessenheit geraten ist, hier anzuführen.

In der Absicht, die einzelnen Pflanzenbestandteile möglichst für sich getrennt zu erhalten, zog Dragendorff die Untersuchungssubstanz zuerst nicht mit Äthyläther sondern mit Petroläther aus, weil durch ihn nur die ätherischen und fetten Öle, Wachs usw. gelöst werden, während Äthyläther, der hierauf folgte, auch Harze und verwandte Stoffe aus dem Rückstand löst. Der Äthyläther wurde durch eine besondere Rektifikation von Wasser und Alkohol befreit und wurde 7—8 Tage einwirken gelassen. Den Rückstand erschöpfte Dragendorff 5—7 Tage mit absolutem Alkohol weiter und erhielt die in diesem löslichen Anteile, wie Gerbsäure, Bitterstoffe, Alkaloide, Glykosen. Nach dem Trocknen des ungelösten Rückstandes bei höchstens 40⁰ zog er letzteren 48 Stunden bei Zimmertemperatur unter häufigem Umschütteln mit soviel Wasser aus, daß auf je ein Gramm der ursprünglichen Masse zur Entfernung von Schleim, Säuren, Glykosen, Eiweißstoffen, Saccharosen und anderen Kohlenhydraten 10 ccm Wasser kamen. Nach einem nochmaligen Ausziehen in derselben Weise trocknete Dragendorff den Rückstand nicht, sondern verteilte ihn in Wasser, dem er genau 1—2 °/oo Natronhydrat zugesetzt hatte, um ein Angreifen des Amylon zu verhindern. Nach eintägigem Stehen unter zeitweiligem Umschütteln filtrierte er, sättigte mit Essigsäure und fällte mit 90 % Alkohol. Den Niederschlag hielt Dragendorff für ein Gemenge von Pektin- und eiweißhaltigen Verbindungen. Den Rückstand verteilte er wieder in Wasser, setzte demselben 1 % Salzsäure zu, zog 24 Stunden aus und kochte am Rückflußkühler einmal auf oder etwa vier Stunden lang, je nachdem Calciumoxalat und Parabin oder daneben Stärkemehl vorlag.

---

[1] Compt. rend. **46**, 456; Zeitschr. f. analytische Chemie **7**, 282.
[2] Dragendorff, Die qualitative. u. quantit. Analyse von Pflanzen u. Pflanzenteilen. Göttingen 1882.

Bei allen diesen Verfahren wählte Dragendorff aus Zweckmäßigkeitsgründen das Verhältnis 1 : 10, d. h., er verwendete stets soviel der betreffenden Rückstände, daß genanntes Verhältnis, auf die ursprüngliche Maße umgerechnet, vorlag. Die durch die einzelnen Lösungsmittel erhaltenen Auszüge wurden meistens eingedampft und in zweckentsprechender Weise zur Identifizierung der einzelnen, gelöst gewesenen Stoffe weiter verarbeitet.

Der endgültige Rückstand wurde mit Wasser ausgewaschen, getrocknet, gewogen und möglichst fein gepulvert in frisch bereitetes Chlorwasser 1 : 100 gebracht und solange unter erforderlicher Erneuerung des Chlorwassers behandelt, bis die Masse gelblich war. Nach dem Auswaschen mit Wasser, sehr verdünnter Kalilauge (3 : 1000), solange diese noch braun ablief, und endlich nach Waschen mit Wasser wurde der unlösliche Rückstand getrocknet und wieder gewogen. Der Gewichtsverlust entsprach vorhanden gewesenem Lignin, sog. inkrustierenden Substanzen, dem größten Teile des Suberins und der Cuticularsubstanz.

Zur endgültigen Zerlegung wurde der Rückstand mit Salpetersäure von spez. Gew. 1,16—1,18 unter Zusatz von 1—2 g chlorsaurem Kali bis zum Weißwerden behandelt, was bei zu langer Dauer durch schwache Erwärmung und geringe Zugabe von Salpetersäure vom spez. Gew. 1,4 erzielt wurde. Nach Verdünnung mit Wasser wurde filtriert, mit ammoniakhaltigem Wasser zur vollständigen Entfernung der Säuren dann mit Alkohol und Äther gewaschen und gewogen. Der Gewichtsverlust entsprach der Substanz der Mittellamelle und einigen dem Zellstoff nahestehenden Kohlenhydraten den Hydrocellulosen.

Als Rest blieb auf dem Filter Zellstoff mit etwas Asche (Kieselsäure und Sand), die durch Verbrennen ermittelt und vom Zellstoff abgerechnet wurden.

Bei einer eingehenden Besprechung des in dem Gange seiner Pflanzenanalyse erwähnten Lignins stellt sich Dragendorff vor die Frage, ob dasselbe ein einheitlicher Körper oder ein Gemenge verschiedener Verbindungen sei. Er hielt ersteres für wahrscheinlich, ohne das zweite als richtig beweisen zu können, denn er war nicht in der Lage, den Zellstoff vom Lignin zu trennen, ohne daß dieses eine Zersetzung erlitt.

Zu der Annahme, daß bei einzelnen Pflanzen der Zellstoff nur von einem einheitlichen Körper, dem Lignin, begleitet sei, gelangte Dragendorff auf Grund eingehender Untersuchungen von Stackmann[1]), welcher bei mehreren Holzarten verschiedener Abstammung die Zusammensetzung des Lignins ziemlich gleich fand, nämlich bei Dicotylen: 53,10—59,60 % C; 4,40—6,30 % H; 34,10—38,90 % O, von denen die Ligninzahlen für Eiche, Erle, amerikanisches Nußbaumholz und Pappel den Berechnungen Fr. Schulze's (55,50 % C, 5,80 % H, 38,70 % O) ungefähr gleichkamen. Abweichungen stellte er fest beim deutschen Nußbaum- und Mahagoniholz, nach Ansicht von Dragendorff wohl infolge von fremden Beimengungen, nämlich des Holzgummis, auf das man erst später aufmerksam geworden sei. Nach Abrechnung des Holzgummis müßte der C-gehalt noch steigen, und darauf führte er auch die abweichenden Ergebnisse Stackmann's bei Coniferenholz zurück, das ligninartige Körper von 65,60—67,80 % C liefere. Die Menge der durch die Chlorwasserbehandlung entfernten Masse war bei Coniferen 16,10—17,70 %, bei Dicotylen 20,60—23,10 % gewesen, bei Mahagoniholz sogar 27,50 %.

Zur Stütze der Angaben Stackmann's führt Dragendorff spätere Untersuchungen von Koroll[2]) an, welcher für die „inkrustierenden Substanzen"

[1]) Stackmann, Studien über d. Zusammensetzung des Holzes. Diss. Dorpat 1878.

[2]) Koroll, Quant. chem. Untersuchungen über die Zusammensetzung von Kork, Bast, Sklerenchym- u. Markgewebe. Inaug.-Diss. Dorpat 1880.

von Haselnuß und Walnuß die Zusammensetzung berechnete: 51,50—54,20 % C, 4,80—5,50 % H, 40,10—44,70 % O, für die Bastzellen von Linde und Ulme 53,60 bis 54,90 % C, 4,90—6,00 % H und 40,10—40,40 % O. Die Menge der durch die Chlorwasser-Behandlung entfernten Masse belief sich auf 14,30—15,70 % und 14,50 bis 15,80 %. Auffallend abweichende Ergebnisse lieferte die an Cuticularsubstanz sehr reiche äußere Birkenrinde, nämlich 11 % der durch Chlorwasser beseitigten Gesamtmenge, von der Zusammensetzung 72,70 % C, 7,80 % H, 19,40 % O, während das parenchymatische Gewebe der Rübe, Cichorienwurzel und des Holundermarkes fast keine Abnahme durch Chlorwasser zeigte.

Im Weiteren wirft Dragendorff die Frage auf, ob bei der auffallenden Konstanz zwischen den Mengen des Zellstoffes und des Lignins diese beiden Körper wohl nebeneinander oder miteinander verbunden vorkämen. Er weist auf die Glykolignose und Glykodrupose, Lignose und Drupose Erdmann's hin, die dieser als einheitliche Verbindung ansehe, läßt aber selbst die Frage offen. Die von Stackmann und Koroll abgeschiedenen Zellstoffe entsprachen nicht immer der gleichen Zusammensetzung $C_6H_{10}O_5$. Stackmann gewann aus Coniferenholz, Koroll aus Bast- und Sklerenchymgewebe einen Zellstoff von $5\,C_6H_{10}O_5 + H_2O$, letzterer dagegen aus parenchymatischem Gewebe Zellstoff von der Formel $5\,C_6H_{10}O_5 + 2H_2O$, ersterer aus den Holzarten der Dicotylen Zellstoff von $5\,C_6H_{10}O_5 + 3\,H_2O$. Diese Verschiedenheit schob Dragendorff auf die Darstellungsweise, da Stackmann nach der Behandlung mit Chlorwasser, Wasser, Alkohol, Natronlauge und Salzsäure ein Schwefelsäuregemisch von 1 Teil Säure und 4 Teilen Wasser angewendet habe, wodurch seiner Meinung nach eine Hydratisation eingetreten sei. Aber auch ohne das Schwefelsäuregemisch seien diese Beobachtungen von Pfeil gemacht worden, er sei daher der Ansicht, daß manche Abweichungen von der Zellstofformel $C_6H_{10}O_5$ zu erwarten seien. Die nicht immer gleichen Eigenschaften der aus verschiedenen Pflanzen gewonnenen Zellstoffe schob Dragendorff auf Unterschiede in der Dichtigkeit.

In einer späteren Arbeit kommt Erdmann[1]) auf die inkrustierende Substanz Payen's zurück, die als eine bestimmte chemische Verbindung anzusehen sei. An Stelle der harten Verdickungen in Birnen verwendete er Tannenholz, zog es auf die oben angegebene Weise aus und gab der trockenen Substanz den Namen Glykolignose. Dieses so gereinigte Tannenholz war von gelblich weißer Farbe und unlöslich in allen gewöhnlichen Lösungsmitteln, auch in Kupferoxyd-Ammoniak, ein Beweis, daß die Zellulose wie bei den Verhärtungen der Birnen durch einen anderen Körper chemisch gebunden sei. Durch Behandeln der Glykolignose mit Salzsäure erhielt Erdmann neben einer Lösung von Traubenzucker noch 60—65 % Rückstand, von dem die Hauptmenge in Kupferoxyd-Ammoniak unlöslich war. Er gab diesem Stoffe den Namen „Lignose". Diese Lignose hinterließ beim Kochen mit verdünnter Salpetersäure Cellulose, und ferner zeigte es sich, daß die mit der Cellulose verbundene Substanz durch Salpetersäure leichter angegriffen wurde als das Ausgangsmaterial. Beim Schmelzen der Glykolignose mit Alkali, Auflösen der Schmelze in Wasser, Übersättigen mit Salzsäure und Ausschütteln mit Äther hinterblieb nach Entfernung des Äthers durch Destillation ein nach Essigsäure riechender Sirup, aus dem sich beim Eindampfen Krystalle ausschieden, deren Reaktionen große Übereinstimmung mit Brenzkatechin und Protokatechusäure hatten. Bei weiterer Behandlung der Mutterlauge fand sich neben den angeführten Stoffen Bernsteinsäure. Dieselbe Beobachtung machte Erdmann bei gleicher Behandlung der Glykodrupose. Er stellt

---

[1]) Erdmann, Über die Konstitution des Tannenholzes. Ann. d. Chem. Suppl. 5, 223.

daher in Celluloseverbindungen drei Gruppen auf, und zwar 1. eine zuckerbildende Gruppe, die durch Salzsäure entfernt wird, 2. eine aromatische Gruppe, die mit der Cellulose beim Behandeln mit Salzsäure noch verbunden bleibt und 3. die Gruppe der primitiven Cellulose.

Neben dieser primitiven Cellulose erwähnt Erdmann aber noch eine Zell-substanz von anderen Eigenschaften und höherem C-Gehalt, deren Zusammensetzung festzustellen und die richtige Molekularformel zu berechnen nur an der Schwierigkeit der Reinigung dieser Substanz scheiterte.

Diese die Zellwände inkrustierenden und von der Cellulose häufig so durch-drungenen Körper, daß, wie erwähnt, ihre Isolierung Schwierigkeiten bereitete, sind in der Folge häufig der Gegenstand von Untersuchungen gewesen.

Stutzer[1]) kommt im Gegensatz zu Erdmann zu dem Schlusse, daß eine aromatische Gruppe in der Zellwand nicht vorhanden sei. Die von Stutzer durch ein halbstündiges Kochen mit 4 %-iger Schwefelsäure, einhalbstündiges Ausziehen mit siedend heißer 4 %-iger Natronlauge, Auswaschen, Auskochen mit Alkohol (96 %), Waschen mit Äther und Trocknen bei 100° erhaltene Rohfaser ergab die Elementar-zusammensetzung:

	46,34 % C,	6,46 % H,	47,19 % O,
nach Henneberg[2])	46,50 „ „	6,80 „ „	46,70 „ „
„ Meißner[3])	45,40 „ „	6,79 „ „	47,81 „ „.

Bei der weiteren Behandlung der Rohfaser mit Säuren und Oxydationsmitteln (wie Salpetersäure, verdünnter Schwefelsäure, rauchender Salpetersäure nach Ein-wirkung von Schwefelsäure, Kaliumdichromat oder Braunstein und Schwefelsäure), kam Stutzer zu folgenden Schlußfolgerungen: Die Rohfaser besteht zum größten Teil aus Cellulose und aus sog. „inkrustierenden Substanzen". Letztere liegen vorwiegend in den äußeren Schichten der Pflanze, besonders in der Epidermis und sind mit der Cellu-lose eng verwachsen. Die inkrustierenden Stoffe zeichnen sich durch einen höheren C-Gehalt von der Cellulose (44,28 % C, 6,29 % H, 49,43 % O) aus, sind in gewöhn-lichen Lösungsmitteln unlöslich, und werden durch Salpetersäure zu Korksäure (54,90 % C, 8,12 % H, 36,97 % O) und Bernsteinsäure (40,32 % C, 5,24 % H, 54,44 % O) oxydiert, während schwächere Oxydationsmittel, wie Kaliumdichromat oder Braunstein und Schwefelsäure, ohne Einwirkung bleiben. Die inkrustierenden Stoffe rein dar-zustellen und prozentual zu bestimmen, gelang auch Stutzer nicht; er sprach aber die Vermutung aus, daß dieselben den Fetten nahestehende Körper sein müßten. Er trat auch der Ansicht Fremy's, wonach das unlösliche organische Fasergerüst der Pflanzen aus mehreren isomeren Cellulosen bestehen soll, entgegen; es liege vielmehr dem Lignin nur einfache Cellulose zugrunde, aber mit organischen, fettähnlichen und anorganischen Körpern, wie Kieselsäure und Kalk, durchsetzt.

Die Arbeiten von Erdmann sind eingehend von Bente[4]) an Tannen- und Pappelholz nachgeprüft worden, und glaubte derselbe das Vorhandensein einer aro-matischen Gruppe im Holz sicher erkannt zu haben. Nur bezweifelt Bente, ob die Glykolignose und die Lignose als konstante chemische Verbindungen anzusehen seien, da es Bente nicht hat gelingen wollen, die der Formel entsprechenden Mengen zu erhalten.

<hr>

[1]) Stutzer, Über die Rohfaser der Gramineen. Inaug.-Diss. 1875.
[2]) Henneberg, Beiträge zur rationell. Fütterung d. Wiederkäuer. II, 364 u. 367.
[3]) Meissner, Untersuchungen üb. d. Entstehung d. Hippursäure. 1866, 164. (Shepard.)
[4]) Bente, Über die Konst. d. Tannen- u Pappelholzes. Ber. d. deutsch. chem. Gesell-schaft zu Berlin 1875, 8, 476.

Im Jahre 1856 schreibt Fr. Schulze[1]), daß die eigentliche Grundsubstanz
der Zellmembran, die Cellulose, die eigentliche Form der Zelle bedinge, in wechselnden Mengen aber von Lignin, als Inkrustationsmasse, imprägniert wäre. Daß die
Cellulose das formbedingende Material sei, gelang Fr. Schulze nachzuweisen, indem
er durch geeignete Mittel die Inkrustationsmassen der Zellmembranen entfernte und
sodann mikroskopisch erkannte, daß die Formverhältnisse nicht im mindesten verändert seien, vielmehr deutlicher hervortraten und die gleichen chemischen Reaktionen
wie vor der Entfernung der Inkrustationsmassen gaben.

Von der Eigenschaft der Cellulose und in physiologischer Beziehung gleich-
wertiger Substanzen ausgehend, gegen gewisse Oxydationsmittel einen größeren Widerstand zu leisten als Lignin, wandte er ein Gemisch von $KClO_3 + HNO_3$ an, um die
Ligninsubstanzen wegzuoxydieren und zwar fand er als geeignete Mischung 20 Gew.
Teile Salpetersäure von spez. Gew. 1,160 und 1 g Kaliumchlorat.

Mit dieser hat Fr. Schulze die verschiedensten Materialien, Filtrierpapier,
Baumwolle, Flachs und die bekanntesten Holzarten 14 Tage mazeriert und hat z. B.
für die Holzarten einen durchschnittlichen Ligningehalt von 50 % gefunden. Nach
diesen Ergebnissen und unter Zugrundelegung der von ihm ausgeführten Elementaranalyse der Holzarten und Cellulose berechnet er indirekt die Zusammensetzung des
Lignins zu:

55,556 % C; 5,827 % H; 38,617 % O und stellt die Formel $C_{38}H_{24}O_{20}$
auf, ohne ihr aber eine besondere Bedeutung beizulegen.

In derselben Arbeit sagt Fr. Schulze, leider ohne Quellenangabe, daß
Baumhauer[2]), von der unrichtigen Voraussetzung ausgehend, der Ligningehalt der
Walnußschalen mache die Hälfte des Gewichtes aus, zu folgender Formel gelangt
sei, nämlich: $C_{40}H_{23}O_{18}$, entsprechend der prozentischen Zusammensetzung: 59,38 % C,
5,66 % H, 34,98 % O. Auf eine direkte Analyse des Lignins mußte Fr. Schulze
verzichten, da er nicht imstande war, dasselbe zu isolieren. Er löste es zwar durch
Schmelzen des Holzes mit Alkali und fällte die Lösung durch Säuren, es fiel jedoch
stets ein weit geringerer Teil aus, als in Lösung gegangen war, und ferner hatte das
Lignin durch die energische Behandlung eine chemische Veränderung erfahren. Der
umgekehrte Weg, die Cellulose zu lösen, wurde von Schulze erfolglos versucht.

Da das Verfahren von Fr. Schulze sehr langwierig war und nur unter
genauer Einhaltung bestimmter Bedingungen, namentlich der Temperaturverhältnisse,
eine angeblich reine Cellulose lieferte, so haben spätere Nachprüfungen häufig nicht
zu gleichen Ergebnissen geführt. Sowohl Fr. Stohmann und Frühling[3]),
E. Schulze und M. Märcker[4]), Th. Dietrich und J. König[5]) haben abweichende Ergebnisse, eine oft gelbliche Cellulose, erhalten.

Stohmann fand trotz peinlichster Einhaltung der vorgeschriebenen Bedingungen
in der Regel mehr Cellulose als Rohfaser mit einem Kohlenstoffgehalt von über
49 %. Dieselben Ergebnisse erhielt Frühling bei Verarbeitung von Ziegenkot,

---

[1]) Fr. Schulze, Festschrift zur 400jähr. Jubelfeier d. Univ. Greifswald. Beitrag zur
Kenntnis des Lignins u. seines Vorkommens im Pflanzenkörper. Ausz. im Chem. Zentralbl.
1857, No. 21, 321.

[2]) Diese Berechnung findet sich in Journ. f. prakt. Chem. 32, 210.

[3]) Landw. Vers.-Stat. 1870, 13, 41.

[4]) W. Henneberg, Neue Beiträge zur Begründung einer ration. Fütterung d. Wiederkäuer. Göttingen 1870, 19 u. 114.

[5]) Landw. Vers.-Stat. 1870, 13, 222.

nämlich eine gut aussehende Masse mit schwankendem Kohlenstoffgehalt von 47,10 bis 49,60 % der aschen- und stickstofffreien Substanz; bei Wiesenheu 45,70 %.

Henneberg[1]) hat 1860/61 bei Fütterungsversuchen festgestellt, daß der unverdaute Teil der stickstofffreien Extraktstoffe von Heu und Stroharten fast dieselbe Zusammensetzung hat wie Schulzes Lignin, nämlich 55,4 % C; 5,7 % H; 38,9 % O. Wie Schulze in seinen untersuchten Holzarten Cellulose und Lignin zu fast gleichen Teilen fand, so machte Henneberg dieselbe Beobachtung zwischen der verdauten Cellulose und den unverdauten stickstofffreien Extraktstoffen des Rauhfutters.

Zu etwas abweichenden Ergebnissen über die Zusammensetzung des Lignins gelangten 1863/64 G. Kühn, L. Aronstein und H. Schulze[2]), nämlich: 57,6 % C; 6,0 % H; 36,4 % O.

Während Fr. Schulze das Lignin als eine einheitliche chemische Verbindung ansah, stellten genannte Untersucher fest, daß wenigstens 2 verschiedene Arten Lignin in den Futterstoffen vorkommen müßten, die sich durch ihren höheren und geringeren Gehalt an Kohlenstoff unterschieden, womit wiederum die verschiedene Verdaulichkeit zusammenhinge. Bei der Untersuchung von Futterlignin und Kotlignin stellten sie fest, daß letzteres durchschnittlich um 2—3 % reicher an C sei und zwar:

Zusammensetzung des Lignins

bei Wiesenheu	55,00 % C	6,90 % H	38,10 % O
„ „ Kot	56,44 „ „	5,79 „ „	37,77 „ „
„ Haferheu	57,60 „ „	7,50 „ „	34,90 „ „
„ „ Kot	59,75 „ „	5;78 „ „	34,47 „ „

Auch R. Sachsse[3]) sieht das Holz als ein einfaches Gemenge an, bestehend aus Cellulosepartikeln, die dicht inkrustiert sind mit anderen aus ihnen entstandenen oder aus dem Zellinhalt eingewanderten Verbindungen. Er vergleicht die innige Durchwachsung von Cellulose und inkrustierender Substanz mit einer Legierung von Metallen.

Sachsse kommt auf die Glykodrupose und Glykolignose, Drupose und Lignose Erdmanns zurück und glaubt, daß die Entstehung der Ligninsubstanzen als eine Reduktion durch Abspaltung einer sauerstoffreichen Verbindung betrachtet werden müßte. Sodann erwähnt Sachsse Fremys Cutin, das dieser als eine fettähnliche chemische Verbindung ansehe, die aber noch kein Fett sei, weil ihr die erforderlichen Merkmale, Löslichkeit in Alkohol und Äther sowie Schmelzbarkeit abgehe. Durch siedende Kalilauge solle sie vollständig gelöst, d. h. verseift werden. Sachsse ist der Ansicht, daß das Cutin ein Mittelglied zwischen Cellulose und Fett darstelle, weil es verseifbar sei. Die erhaltene Seife zeige eine in Alkohol und Äther lösliche Säure, die bei der Oxydation mit Salpetersäure, Bernsteinsäure und Korksäure, Oxydationsprodukte der Fette, ergebe.

Nach längerer Pause sind dann von J. König über diesen Gegenstand weitere Untersuchungen angestellt. Es haben sich im Laufe der nächsten Jahre die Untersuchungen derart gehäuft, und die einzelnen Gebiete der Celluloseforschungen sind

---

[1]) Henneberg, Beiträge z. Begründung einer rat. Fütterung d. Wiederkäuer. Göttingen 1864, 361.

[2]) Neue Versuche über die Ausnutzung der Rauhfutterstoffe durch das volljährige Rind. Journ. f. Landw. 1867, 1.

[3]) R. Sachsse, Die Chemie u. Physiol. d. Farbstoffe, Kohlenhydrate u. Proteinsubstanzen. 1877, 146.

so spezialisiert, daß wir uns veranlaßt sehen, im großen und ganzen nur auf die seit über 30 Jahren an hiesiger Versuchsstation durchgeführten Arbeiten einzugehen, um erst am Schlusse dieser Übersicht wieder auch auf andere Untersuchungen zurückzukommen. Die von J. König in Gemeinschaft mit Th. Dietrich vorgenommenen Untersuchungen[1] waren eine Nachprüfung und Kritik der Arbeiten von G. Meissner und C. U. Shepard[2]. Letztere legten der neben der Cellulose in der Rohfaser vorkommenden Substanz deshalb eine große Bedeutung bei, weil in ihr die Muttersubstanz der Hippursäure im Harne der Pflanzenfresser erblickt werden solle. Das Ergebnis ihrer Fütterungsversuche bei Kaninchen mit Wiesenheu- und Klee-Rohfaser liefen darauf hinaus, daß sie für die Nichtcellulose eine Zusammensetzung von C 47,4 %, H 7,9 %, O 44,7 % berechneten, und daß dieselben nur zu einem geringen nicht in Betracht kommenden Teil aus dem C-reichen Stoffe, wie Schulze Lignin (55,3 % C), Mitscherlichs Suberin (62—67 % C) oder Fremys Cutin (73,70 % C) bestehe, sondern in ihrer Hauptmasse aus einer Cuticularsubstanz nach Mohl's Auffassung, d. h., der unter der eigentlichen Cuticula liegenden äußersten Schicht der Epidermis. Den etwas höheren C-Gehalt der Kotrohfaser (C = 48,85 %, H = 5,71 %, O = 44,86 %) schoben genannte Untersucher auf eine Verunreinigung durch C-reiche Auswurfstoffe des tierischen Körpers.

Th. Dietrich und J. König kommen durch Fütterungsversuche bei Hammeln mit zwei verschiedenen Wiesenheurohfasern, welche fast denselben C-Gehalt aufwiesen wie die Rohfaser von Meissner und Shepard, zu anderen Ergebnissen.

Der oxydierte Teil zeigte eine Zusammensetzung, die um ein Prozent an Kohlenstoff reicher war, als die Cuticularsubstanz von Meissner und Shepard.

Ein aus dem ursprünglichen Wiesenheu ohne vorherige Behandlung mit verdünnter Schwefelsäure durch zweimal einhalbstündiges Kochen mit 2 %-iger Kalilauge erhaltene Rohfaser (69,69 % und 69,59 % des Heues) ergab folgende Zusammensetzung:

	C	H	N	O
a)	46,55	6,48	0,08	46,99
b)	46,48	6,49	0,06	46,97

Nach der Oxydation durch Schulzes Gemisch betrug der Rückstand 18,13 % und 18,54 % der Rohfaser, dem mikroskopischen Bilde und der Elementarzusammensetzung nach reine Cellulose, nämlich:

a) 44,54 % C 6,47 % H 48,99 % O
b) 44,56 „ „ 6,34 „ „ 49,10 „ „.

Demnach berechnete sich für den oxydierten Teil:

a) 55,10 % C 6,60 % H 38,30 % O
b) 55,00 „ „ 7,2 „ „ 37,80 „ „.

Es käme somit dem oxydierten Teile, d. h. dem Lignin rund 55 % Kohlenstoff zu.

Es heißt in angeführter Arbeit: „daß die Hauptmasse der die Nichtcellulose der Rohfaser ausmachenden Körper nicht aus Meissner und Shepard's Cutikular-

---

[1] Th. Dietrich u. J. König, Landw. Versuchs-Stationen 1870, **13**, 222.
[2] G. M. u. C. M. Shepard, Untersuchung über d. Entstehung d. Hippursäure im tierischen Organismus. Hannover 1866.

substanz bestehen kann, sondern daß in der Rohfaser des Wiesenheues und des entsprechenden Kotes ein Körper, oder ein Komplex von Körpern neben der Cellulose enthalten ist, dem ein Gehalt von etwa 55—56 %C und 7—9 %H zukommt".

Bei der Oxydation der Rohfaser durch Salpetersäure werden geringe Mengen Cellulose mit oxydiert, wie Meissner und Shepard auch zugaben und rechnerisch mit in Betracht zogen. Versuche von J. König mit reiner Cellulose aus schwedischem Filtrierpapier ergaben 15,52—16,38 % Verlust. Die Höhe dieser Zahlen wurde von Meissner und Shepard unterschätzt, daher auch nicht quantitativ festgestellt. Th. Dietrich und J. König suchten daher nach anderen geeigneten Oxydationsmitteln und verwendeten Lösungen von unterchlorig- und unterbromigsaurem Kali, die an ihrem Alkaligehalt der sonst gebräuchlichen 1 1/4 % Kalilauge entsprachen. Die vorläufigen noch etwas abweichenden Ergebnisse kürzerer Versuche, die leider unterbrochen werden mußten, waren für den ausgewaschenen Rückstand der Rohfaser folgende:

bei Wiesenheu . . . C 45,34 % H 6,69 % O 47,97 %
„ Kleeheu . . . . C 45,09 „ H 6,50 „ O 48,41 „ .

Oxydationsversuche mit Chlorwasser und wässerigen Lösungen von unterchlorigsaurem Kalk schlugen fehl, da die Cellulose mit angegriffen wurde (6,93—12,65 % bzw. 2,16—6,5 %). Infolgedessen ging J. König nach dem bereits von G. Kühn[1]) angegebenen indirekten, auf Berechnung beruhenden Verfahren über. G. Kühn hatte einerseits aus dem Oxydationsverlust der Rohfaser von Henneberg nach Schulzes Verfahren, andererseits aus der Elementaranalyse der Rohfaser und der hergestellten Cellulose folgende Elementarzusammensetzung für den oxydierbaren Teil der Rohfaser von Wiesenheu berechnet:

$$
\begin{array}{ccc}
\text{C} & \text{H} & \text{O} \\
55,00\,\% & 6,90\,\% & 38,10\,\% \\
54,79\,\text{„} & 6,29\,\text{„} & 38,92\,\text{„} .
\end{array}
$$

Auf dieselbe Weise berechneten Th. Dietrich und J. König[2]) bei Wiesen- und Kleeheu:

	Rohfaser				Lignin		
	C	H	N	O	C	H	O
Wiesenheu	45,78	6,61	0,06	47,55	55,59	8,99	35,42
Kleeheu	48,85	5,71	0,08	44,86	55,06	7,26	37,68

Infolge dieser Berechnungen und unter Zugrundelegung eines stets gleichen Kohlenstoffgehaltes des Lignins von 55 % schlug J. König ein indirektes Bestimmungsverfahren für die Cellulose (x) vor, beruhend auf einer Kohlenstoffbestimmung der Rohfaser (a) nach der Gleichung:

$$
\frac{44,4\,x + (100 - x) \cdot 55 - a}{100} .
$$

Dieses indirekte Verfahren setzt aber voraus, daß bei der Darstellung der Rohfaser weder Teile der Cellulose noch des Lignins mit gelöst werden, daß das Lignin stets den gleichen Kohlenstoffgehalt besitzt und ein chemisch einheitlicher Körper

---

[1]) Journ. f. Landw. 1867, 15, 22.
[2]) Landw. Vers.-Stat. 1871, 13, 222.

ist, und daß die Cellulose nur wahre Cellulose $n(C_6H_{10}H_5)$ ist und nicht noch oxydierbare Substanzen einschließt.

Das hat sich aber späterhin als nicht richtig erwiesen, wie die auf Veranlassung von J. König durch C. Krauch[1]) wieder aufgenommenen Untersuchungen zeigten. C. Krauch stellte aus seinem Untersuchungsmaterial, Roggenkörnern, Wiesenheu und Inkarnatklee durch Behandeln der feingepulverten Stoffe mit kaltem und heißem Wasser, Malzaufguß 100 g in 1 Liter, Trocknen und Ausziehen mit Alkohol und Äther eine Grundsubstanz her und behandelte sie nach dem Henneberg'schen Verfahren mit 1 1/4 °/o Schwefelsäure und 1 1/4 °/o Kalilauge. Dabei zeigte sich, daß von der gesamten Cellulose und Holzsubstanz bei der gewöhnlichen Rohfaserbestimmung:

1. in Lösung geht beim Kochen mit Schwefelsäure,

2. desgl. beim nachherigen Kochen mit Kalilauge

3. im Rückstand als Rohfaser verbleibt

	1.	2.	3.
bei Roggenkörnern	52,12	26,48	21,40
„ Wiesenheu	28,30	21,85	49,85
„ Inkarnatklee	19,47	26,17	54,36

Die Elementarzusammensetzung der Rückstände war folgende:

		1.	2.	3.
Roggen	C.	47,61	55,12	55,36 °/o
„	H.	6,03	7,68	7,58 „
„	O.	46,36	37,23	37,06 „
Wiesenheu	C.	50,12	56,42	46,38 „
„	H.	7,08	6,49	6,36 „
„	O.	42,80	37,09	47,26 „
Inkarnatklee	C.	42,99	51,12	49,08 „
„	H.	6,44	6,35	6,63 „
„	O.	50,57	42,53	44,29 „

Nach diesen Aufstellungen gingen also bei Roggen in Lösung $1 + 2 = 80$ °/o, bei Wiesenheu und Inkarnatklee 50°/o, die infolgedessen zu den N-freien Extraktstoffen gezählt werden. Aus der Elementarzusammensetzung der gelösten Teile und des Rückstandes geht aber hervor, daß gewisse Mengen des Kohlenstoffs und des Lignins der Rohfaser mit in Lösung gehen, und daher die Werte zu hoch sind. Bei dem Wiesenheu werden 1. 28,30°/o und 2. 21,85°/o der Rohfaser zu den N.-freien Extraktstoffen gerechnet, von diesen haben 28,30°/o einen Kohlenstoffgehalt von 50,12 °/o und 21,85°/o einen solchen von 56,42°/o, während der Rückstand 49,85°/o nur einen Kohlenstoffgehalt von 46,38°/o hatte. Es wird also ein Teil der N.-freien Extraktstoffe fälschlich berechnet infolge der in Lösung gegangenen Anteile der kohlenstoffreicheren und unverdaulichen Ligninanteile, und andererseits enthält die Rohfaser nicht sämtliche Cellulose und Ligninbestandteile der Futterstoffe.

Die Elementarzusammensetzung der in Schwefelsäure gelösten Anteile ergab sich aus der Elementaranalyse des Rückstandes[2]). Dieser lieferte:

---

[1]) Landw. Vers.-Stat. 1880, **25**, 222; 1882, **27**, 387.
[2]) Über die Berechnungsweise vergl. weiter unten.

Auf protein- und aschefreie Substanz berechnet:

Bestandteile	Roggen-körner	Wiesenheu		Inkarnatklee	
	%	%	%	%	%
C	55,20	49,43	49,17	49,82	49,66
H	7,62	6,43	6,32	6,53	6,38
O	37,16	44,14	41,51	43,65	43,96

Für die durch Schwefelsäure gelöste Substanz berechnete sich folgende Elementarzusammensetzung:

C	47,61	50,12	50,74	42,99	43,85
H	6,03	7,08	7,53	6,44	6,30
O	46,36	42,80	41,93	50,57	49,85

Daraus ersieht man, daß durch die $1\,^1/_4\,^0/_0$-ige Schwefelsäure beim Inkarnatklee Stoffe in Lösung gingen, die in ihrer Zusammensetzung der Cellulose nahekamen, während sich bei Roggenkörnern und Wiesenheu dagegen wesentliche Abweichungen zeigten. Es mußten also bei den beiden letzteren gewisse Mengen der Lignine oder irgend eines Körpers der Rohfaser mit höherem Kohlenstoffgehalt in Lösung gegangen sein.

Jedenfalls erhellt aus den Aufstellungen, daß das Lignin der Rohfaser des Inkarnatklees einerseits und des Roggens und Wiesenheus andererseits verschiedener Natur sein muß, und daß bei Inkarnatklee kohlenstoffärmere, bei Roggenkörnern und Wiesenheu kohlenstoffreichere Anteile gelöst sein mußten.

Indes bringt C. Krauch noch weitere Beweise dafür, daß 1. das Lignin verschiedener Pflanzen eine verschiedene Zusammensetzung hat und 2. kein chemisch einheitlicher Körper sein kann.

Zu 1. behandelte er die Grundsubstanz mit Schulzes Reagens unter genauer Innehaltung der Vorschriften je einmal im Winter und einmal im Sommer. Zu ersterer Zeit lag die Temperatur zwischen $10—13^0$ C, überstieg jedenfalls 15^0 C nicht, im Sommer dagegen stieg sie an einigen Tagen etwas höher.

Elementarzusammensetzung der protein- und aschefreien Rückstände:

Bestandteile	Roggenkörner		Wiesenheu		Inkarnatklee	
	niedere	höhere	niedere	höhere	niedere	höhere
	Temperatur		Temperatur		Temperatur	
	%	%	%	%	%	%
C	49,64	48,42	46,50	45,07	47,05	45,54
H	6,59	6,83	6,40	6,25	6,14	6,42
O	43,77	44,75	47,10	48,68	46,81	48,04

Elementarzusammensetzung der gelösten Substanz:

C	53,41	52,80	58,09	54,64	53,38	51,87
H	7,09	6,78	7,17	7,00	7,79	6,30
O	39,50	40,42	34,74	38,36	38,83	41,83

Bei niederer Temperatur im Winter wurde weniger oxydiert als bei höherer im Sommer, und die gelöste Substanz zeigte einen höheren Kohlenstoffgehalt als der Rückstand und dieser seinerseits wieder einen höheren als Cellulose. Daraus schloß C. Krauch, daß die Ligninsubstanzen der Rohfasern einen verschiedenen Kohlenstoffgehalt besäßen, und daß bei stärkerer Einwirkung des Reagenzes gleichzeitig

Cellulose angegriffen würde, wodurch der niedere Kohlenstoffgehalt der gelösten Substanz bei höherer Temperatur zu erklären wäre.

Zu 2. wurde die vorher mit verdünnten Säuren gekochte Grundsubstanz mit Schulzes Reagens behandelt, wobei weniger gelöst wurde, als bei der direkten Einwirkung auf die ursprüngliche Grundsubstanz. Die Elementarzusammensetzung des Rückstandes war folgende:

Bestandteile	Wiesenheu	Inkarnatklee		
		1	2	3
Für die protein- und aschefreie Substanz:				
	%	%	%	%
C	45,36	45,24	45,32	45,17
H	6,29	6,41	6,39	6,37
O	48, 35	48,35	48,29	48,46
Für die gelöste Substanz berechnen sich:				
C	57,61	57,44	58,96	59,60
H	6,40	6,29	6,13	6,36
O	45,99	36,27	34,91	34,04

Auf Grund des höheren Kohlenstoffgehaltes der nach Vorbehandlung mit verdünnten Säuren gelösten Ligninsubstanzen gegenüber der direkt aus der Grundsubstanz gelösten Masse schloß Krauch, daß durch die Säuren die Lignine mit niederem Kohlenstoffgehalt zum Teil abgespalten würden und die kohlenstoffreicheren zurückblieben.

Die obigen Untersuchungen wurden von C. Krauch und v. d. Becke[1] auf weitere Stoffe ausgedehnt. Sie stellten aus Roggenkörnern, Heu und Kleiesorten in der angegebenen Weise die Grundsubstanz her und behandelten sie mit $1\,^1/_4$%-iger Schwefelsäure und $1\,^1/_4$%-iger Kalilauge nach Henneberg's Verfahren. Der Kohlenstoffgehalt der gelösten stickstofffreien Substanz, d. h. des Lignins, wurde indirekt in der Weise bestimmt, daß

1. die Menge der durch $1\,^1/_4$%-ige Schwefelsäure (a) und $1\,^1/_4$%-ige Kalilauge (b) gelösten organischen Substanz,

2. die Elementarzusammensetzung der Grundsubstanzen und der nach No. 1 erhaltenen Rückstände festgestellt wurden.

Sie fanden für die wasserfreie Substanz:

Bestandteile	Roggen-Körner	Wiesen-heu	Inkarnat-kleeheu	Gries-kleie	Grobkleie	Flugkleie	Reis-mehl II
a) Löslich in $1\,^1/_4$%-iger Schwefelsäure.							
	%	%	%	%	%	%	%
Protein	8,43	1,34	1,06	12,81	11,44	2,37	18,06
Asche	0,27	1,15	1,68	0,53	0,62	0,93	0,52
Stickstofffreie Stoffe	39,42	26,36	16,86	43,07	49,62	52,15	20,72
Summe	48,12	28,85	19,60	56,41	61,68	55,45	39,30
b) Löslich von dem Rückstande der Schwefelsäurekochung in $1\,^1/_4$%-iger Kalilauge							
Protein	14,43	4,25	9,12	6,56	5,68	4,37	13,31
Asche	0,16	0,20	0	0,05	0,02	0	2,23
Stickstofffreie Stoffe	19,98	20,20	22,72	20,14	12,75	23,44	20,55
Summe	34,57	24,65	31,84	26,75	18,45	27,81	36,09

[1] C. Krauch u. v. d. Becke: Landw. Vers.-Stat. 1882, **27**, 337.

Die Elementaranalyse der wasser-, protein- und aschenfreien Substanz ergab folgende Kohlenstoffgehalte:

Bestandteile	Roggen-Körner	Wiesen-heu	Inkarnat-kleeheu	Gries-kleie	Grobkleie	Flugkleie	Reit-mehl II
Rückstand von der Behandlung:							
	%	%	%	%	%	%	%
a) Mit Äther, Wasser und Malzaufguß .	51,30	49,64	48,57	52,06	50,28	48,69	53,92
b) Mit 1 ¼ %-iger Schwefelsäure .	55,22	49,43	49,17	55,34	55,20	47,94	55,63
c) Mit 1 ¼ %-iger Kalilauge . . .	55,36	46,38	49,03	53,93	53,67	46,31	53,91

Daraus berechnet sich folgender Kohlenstoffgehalt der gelösten stickstofffreien Substanz:

Bestandteile	Roggen-Körner	Wiesen-heu	Inkarnat-kleeheu	Gries-kleie	Grobkleie	Flugkleie	Reit-mehl II
a) durch 1 ¼ % Schwefelsäure .	47,61	50,43	(43,42)	48,96	47,03	49,17	50,26
b) durch 1 ¼ % Kalilauge . . .	55,12	56,42	51,12	57,17	57,63	50,83	57,62

Die Zahlen zeigen, daß schon bei Behandlung mit 1 ¼ %-iger Schwefelsäure Stoffe mit höherem Kohlenstoffgehalt gelöst werden, als Cellulose (44,44 %) und Pentosane (45,50 %) verlangen (Inkarnatkleeheu ausgenommen). In noch höherem Maße ist dies bei der Behandlung mit 1 ¼ %-iger Kalilauge der Fall. Es müssen daher die Lignine durch Kalilauge stärker angegriffen werden als durch Schwefelsäure.

Weiterhin fand sich bei der Behandlung der Grundsubstanzen mit Schulzes Reagens für die verbleibenden protein- und aschefreien Rückstände:

Bestandteile	Grieskleie	Grobkleie	Flugkleie	Reismehl II	Reismehl III
	%	%	%	%	%
C	49,26	48,28	45,62	51,95	46,93
H	6,85	6,99	6,40	7,32	5,07
O	43,89	44,78	47,98	40,70	48,00

Die Elementarzusammensetzung der gelösten Substanz berechnete sich wie folgt:

	Grieskleie	Grobkleie	Flugkleie	Reismehl II	Reismehl III
C	55,07	51,50	50,27	57,19	54,74
H	7,30	5,87	6,42	8,14	7,27
O	37,63	42,63	43,31	34,67	37,99

Die von der Behandlung mit 1 ¼ %-iger Schwefelsäure und 1 ¼ %-iger Kalilauge verbleibenden Rückstände (Rohfaser) der Grundsubstanzen ergaben mit Schulzes Reagens:

Bestandteile	In der Trockensubstanz		In der asche- und protein-freien Substanz		Gelöste Substanz	
	Grobkleie	Flugkleie	Grobkleie	Flugkleie	Grobkleie	Flugkleie
	%	%	%	%	%	%
C	49,92	45,87	50,13	46,04	69,64	51,05
H	7,04	6,48	7,04	6,49	10,92	11,66
N	0	0	—	—	—	—
O	42,62	47,27	42,80	47,40	19,44	37,29
Asche	0,42	0,38	—	—	—	—

Auch diese Ergebnisse zeigen, daß nach Behandlung der Grundsubstanz mit Schulzes Reagens die Rückstände meist weit von der Zusammensetzung der Cellulose abweichen, und ebenfalls weist der Kohlenstoffgehalt der gelösten Substanz (Lignine) bei den verschiedenen Futterstoffen bedeutende Schwankungen auf. Während z. B. die Grobkleie-Grundsubstanz ein Lignin mit $51,50\%$C lieferte, hatte das von Grob-kleie-Rohfaser sogar $69,64\%$C. Es müssen also hiernach die oxydierten Teile oder Lignine keine chemisch einheitlichen Körper sein.

Auf die weitere Entwickelung der Frage waren zwei Entdeckungen von wesentlichem Belang, nämlich einmal die quantitative Bestimmung der Pentosane durch B. Tollens[1] und zweitens die Beobachtung von Benedikt und Bamberger[2], daß das Lignin durch Jodwasserstoff und Phosphor Jodmethyl abspaltet.

Die erste Entdeckung anlangend, so stellte sich nach den Untersuchungen von B. Tollens[3], J. König[4], O. Kellner[5], E. Schulze[6], heraus, daß die von Fr. Schulze[7], von W. Henneberg und Fr. Stohmann (Weender Verfahren), M. Hönig[8], Gabriel[9], Lebbin[10], W. Hoffmeister[11], G. Lange[12], S. Zeisel und M. J. Stritar[13] zur Bestimmung der Rohfaser bezw. der Cellulose vorgeschlagenen Verfahren Rückstände lieferten, die noch stark pentosanhaltig waren.

Die Ergebnisse der einzelnen Untersuchungen seien der Übersicht halber in folgender Tabelle zusammengestellt:

[1] Journ. f. Landw. 1905, **53**, 13 u. 1911, **4**, 11.

[2] Chem. Zentralblatt 1890, **61**, 608.

[3] Journ. f. Landw. 1901, **49**, 11.

[4] Zeitschr. f. Nahrungs- u. Genußmittel 1898, **1**, 15.

[5] Ebendort 1899, **2**, 784.

[6] Zeitschr. f. physiol. Chem. **16**, 430 u. 433.

[7] Beiträge z. Kenntnis d. Lignins. Rostock 1856 u. Chem. Zentralblatt 1857, **21**, 321.

[8] Chem. Zeitung 1890, **4**, 868 u 902.

[9] Zeitschr. f. physiol. Chem. 1892, **16**, 370.

[10] Archiv f. Hygiene 1897, **28**, 237.

[11] Landw. Jahrbücher 1888, **17**, 241 u. 1889, **18**, 767.

[12] Zeitschr. f. physiol. Chem. 1890, **14**, 283.

[13] Berichte d. deutsch. chem. Gesellsch. 1902, **35**, 1253.

Untersucher	Untersuchungs-Objekte	Verfahren	Noch vorhandene Pentosane in % der Gesamt-Pentosane	Pentosane in %: a) der Trockensubstanz der Rohfaser b) der wasserfreien Muttersubstanz
Tollens und Düring	Rohfaser von Stroh- und Heusorten	Weender	27,54—43,21	a) 4,81—11,01
Tollens	Rohfaser von Grasheu und Mehlen	„	—	b) 0,24—4,29
Tollens und Düring	Cellulose aus Heu, Stroh und Fäces	Fr. Schulze	14,35—27,04	—
J. König	Rohfaser aus Klee- und Grasheu	„	39,13—41,59	a) 4,77—7,05
E. Schulze	Cellulose aus Stroh, Klee, Holz und Schalen	„	4,03—14,83	—
Tollens und Düring	Cellulose aus Stroharten und Hammelfäces	Gabriel	17,40—33,42	—
Tollens	Rohfaser aus Roggenstroh	Lebbin	14,90	—
J. König	„	Weender	9,65	—
„	Rohfaser aus Stroh, Heu, Samen, Kohl, Spargel	J. König	0—6,62	—
O. Kellner	Rohfaser aus Kotproben	Weender	16,09—21,19	—
„	„	König	2,83—3,33	—
Tollens	Rohfaser aus Heu, Stroh, Kleie und Mehlen	„	—	b) 0,25—0,80

Ein weiterer Fortschritt wurde bedingt durch die vorhin erwähnte Beobachtung von Benedikt und Bamberger über die Abspaltung von Jodmethyl aus Holz. A. Herzog[1]) hat durch die Bestimmung der Methylzahlen nach Zeisels Methode unter Zugrundelegung der von Benedikt und Bamberger für reines Lignin des Eichenholzes aufgestellten Methylzahl von 52,9 Einheiten den Gehalt an Lignin durch Multiplikation der betreffenden Methylzahl mit $\dfrac{100}{52,9}$ ermittelt und dadurch den Grad der Verholzung zahlreicher, wichtiger Faserstoffe für die bei 100° getrocknete Substanz zum Ausdruck gebracht:

		Lignin
Haarbildungen	Baumwolle	= 0 %
	Pflanzendune (Bombax speciosa)	= 12,99
	Pflanzenseide (Calotropis gigantea) . . .	= 15,46
Monocotylenbaste	Manilla (Musa textilis)	= 30,11
	Coir (Cosos nucifera)	= 41,59
	Aloë (Aloe perfoliata), gehechelt	= 17,22
Dicotylenbaste	Nessel	= 0
	Jute (Cochorus capsularis), ordinärste Sorte	= 40,26
	Flachs (russ. ordinär, schlecht geröstet) . .	= 0,92
	Hanf (Canabis sativa) italien.	= 5,33
	Hanf polnischer, gehechelt	= 5,46

---

[1]) Chem. Zeitung 1896, **20**, 241.

Hiernach zeigen die Monocotylenbaste stark verholzte Fasern, die Dicotylenbaste sind im Durchschnitt weniger verholzt, mit Ausnahme der ordinären Jute, die den außerordentlich hohen Gehalt von 40,26 % Lignin zeigt. Der große Unterschied zwischen Hanf und Flachs liegt an der starken Verholzung des Hanfes, und da diese Verholzung mikroskopisch nur schwer nachzuprüfen ist, so kann die Bestimmung der Methylzahl den besten Aufschluß geben.

Nach derselben Methode dehnte A. Cieslar[1]) seine Untersuchungen besonders auf Holzarten aus und fand durch die Methylzahlen folgende Ligningehalte:

$$\text{Splinthölzer} \begin{cases} \text{Schwarzföhre} & = 39,11\ \% \\ \text{Weißtanne} & = 45,50\ \text{,,} \\ \text{Fichte} & = 43,80\ \text{,,} \\ \text{Zirbe} & = 44,29\ \text{,,} \end{cases}$$

Er stellte fest, daß älteres Holz (Kernholz) ligninreicher sei als junges (Splintholz) aus derselben Stammhöhe, daß überhaupt je nach der Innehaltung des Optimums für das Wachstum der Hölzer, nach der Schnelligkeit desselben, nach den Ernährungs- und Beleuchtungsverhältnissen und der Ausbildung der Krone eine Bereicherung an die Verholzung bewirkenden Wandungssubstanzen erfolge, die in der Höhe der Methylzahlen zum Ausdruck gelange.

Ähnliche Ergebnisse wie Cieslar erhielten Benedikt und Bamberger[2]), nämlich:

$$\begin{array}{lll} \text{Kiefer} & = 40,30\ \% & \text{Lignin} \\ \text{Weißbuche} & = 49,90\ \text{,,} & \text{,,} \\ \text{Akazie} & = 45,90\ \text{,,} & \text{,,} \end{array}$$

Da sie später für die Coniferen[3]), die am meisten zur Papiergewinnung gebraucht werden, nahe übereinstimmende Zahlen fanden (Fichte = 22,6, Rotföhre = 22,5, Tanne = 24,5, Aspe = 22,0 %), schlugen sie vor, den Holzschliff des Papieres quantitativ durch die Methylzahlbestimmung festzustellen, was aber erst dann zu erwarten sein dürfte, wenn die Konstitution der Lignine völlig geklärt sei.

Aus den angegebenen Zahlen ersieht man, daß die Methylzahlen des Holzes in einer solchen Höhe gefunden sind, daß sie aus den im Holze in sehr geringen Mengen vorkommenden aromatischen Aldehyden Vanillin, Coniferin und Hadromal nicht allein herstammen können, es ist vielmehr wahrscheinlich, daß die Lignine aus der Cellulose durch Einlagerung von Methyl- oder Methoxylgruppen ($- OCH_3$) an Stelle von OH-Gruppen entstehen, oder daß ein H-Atom durch CH_3 ersetzt werde.

Mit Bestimmtheit geht aber aus den bisherigen Untersuchungen hervor, daß die Bestimmung der Methylzahl ein sicherer Beweis ist, ob überhaupt Lignine vorhanden sind, denn reine Cellulose, gereinigte Baumwolle und Filtrierpapier, lieferten keine Methylzahlen.

Da das bisher übliche Weender-Verfahren zur Bestimmung der Rohfaser keinen wahren Aufschluß über die Zusammensetzung der Futter- und Nahrungsmittel gab, sondern den Gehalt der einzelnen Bestandteile nur in mangelhafter Weise zum Ausdruck brachte, hat J. König in dem Bestreben, ein einfacheres und genaueres Verfahren ausfindig zu machen, auf Grund vorstehender neuen Errungenschaften mit R. Großmann[4])

---

[1]) Chem. Zeitung 1891, 558.
[2]) Chem. Zentralblatt 1899, 1, 1214.
[3]) Ebendaselbst 1890, 608.
[4]) Landw. Versuchs-Stat. 1897, 48, 81.

zunächst Vorversuche über die Löslichkeit der Pentosane durch die bei der üblichen Analyse angewendeten Reagenzien angestellt und zwar mit folgenden Ergebnissen:

1. Verhalten der Pentosane gegen verdünnte Alkalien und Säuren:

Behufs Bestimmung der nach Hennebergs Verfahren gelösten Pentosanmengen wurde die Schwefelsäureabkochung mit Bariumcarbonat, die Kalilaugeabkochung mit Salzsäure neutralisiert. Die eingedampften Lösungen wurden mit 12 %-iger Salzsäure zur Furfurolbestimmung destilliert. Da bei den Stroharten starke Verluste von Furfurol infolge Verdunstung auftraten, wurden die im Rückstand verbliebenen Pentosane bestimmt und die gelöste Menge durch Berechnung nach besonderer Bestimmung der Gesamtpentosane in der ursprünglichen Substanz ermittelt.

Befunde	Körner		Stroh	
	Roggen	Erbsen	Roggen	Erbsen
	%	%	%	%
Wassergehalt	14,87	14,09	11,94	10,52
Gesamtpentosane	8,90	3,62	18,07	10,27
Hiervon gelöst 1. durch 1¼% H_2SO_4	7,58	1,40	6,32	4,40
„ „ 2. „ 1¼% KOH	0	0,80	5,47	1,57
Es blieben ungelöst im Rückstand . .	1,38	1,41	6,28	4,30

Darnach wurde bei den Roggenkörnern durch die 1 ¼ %-ige Schwefelsäure fast die ganze Menge der Pentosane gelöst, während bei Stroharten und Erbsenkörnern sowohl durch Schwefelsäure wie durch Kalilauge zwar auch eine Lösung, aber in weit geringerem Maße eintrat.

Schon ganz verdünnte Alkalien bewirkten eine Lösung der Pentosane, nämlich:

Gelöst durch	Körner		Stroh	
	Roggen	Erbsen	Roggen	Erbsen
	%	%	%	%
0,3%-ige Kalilauge	1,20	0,75	2,00	1,56
0,5%-ige Sodalauge	1,14	0,59	1,84	1,14

Nach allem ergibt sich, daß die Konzentration der Säuren und Alkalien des üblichen Rohfaserbestimmungsverfahrens nicht hinreichen, um die Pentosane als Hemicellulose vollständig in Lösung zu bringen.

2. Verhalten der Pentosane gegen überhitztes Wasser.

Es wurden die Mehl- und Strohsorten im Dampftopf unter Druck behandelt und zwar:

1. Reihe 3 Stunden lang bei 3 Atmosphären Druck,
2. „ 4 „ „ „ 4 „
3. „ 6 „ „ „ 6 „

Bei 1 und 2 wurden die in Lösung gegangenen Pentosane nach Eindunsten der Filtrate durch Destillation mit Salzsäure bestimmt, bei 3 durch Differenzberechnung aus den gesamten und den im Rückstand verbliebenen Pentosanen. Die Ergebnisse waren folgende:

Befunde	Körner		Stroh	
	Roggen	Erbsen	Roggen	Erbsen
Gesamtmenge der Pentosane	% 8,90	% 3,62	% 18,07	% 10,27
1. Gelöst in 3 Std. bei 3 Atm.	4,01	1,62	6,68	5,68
2. „ „ 4 „ „ 4 „	6,42	2,62	11,54	7,58
3. „ „ 6 „ „ 6 „	7,80	2,94	15,71	8,30

Oder in Prozenten der Gesamtpentosane gelöst:

	Körner		Stroh	
	Roggen	Erbsen	Roggen	Erbsen
1. Reihe	45,05	44,74	36,96	49,46
2. „	72,13	72,09	63,86	73,81
3. „	87,64	81,21	86,93	80,87

Hiernach ist ersichtlich, daß die Pentosane, wie die Stärke, durch Druck im Dampftopf zum Teil in Lösung gehen, und daß sie bei genügend langer Einwirkung fast völlig gelöst werden. Die unter Druck durch überhitztes Wasser gelöste Stärke wird durch 3-stündiges Kochen mit verdünnter Salzsäure invertiert, d. h. in Glykose umgewandelt und mit Fehling'scher Lösung bestimmt. Da auf diese Weise auch die gelösten Pentosane in Pentosen übergeführt werden, die ebenso reduzierend wirken so fallen die Stärkebestimmungen durch Dämpfen der Futter- und Nahrungsmittel zu hoch aus.

3. Verhalten der Pentosane gegen Diastase.

Um zu sehen, ob bei der Überführung der Stärke durch Diastase in Maltose auch Pentosane gelöst würden, wurden die feingemahlenen Körner- und Stroharten solange der Behandlung mit Diastase unterworfen, bis keine oder nur noch vereinzelte Stärkekörner mehr nachgewiesen werden konnten. In dem Filtrat wurden nach Eindampfen durch Destillation mit Salzsäure Furfurol bezw. Pentosane festgestellt:

Substanz	Gesamt-Pentosane	Pentosane durch Diastase gelöst	
		in % der Substanz	in % der Gesamtmenge
Roggen	% 8,90	% 2,22	% 24,95
Erbsen	3,62	1,02	28,17
Kartoffeln	2,12	0,94	44,34
Roggenstroh . . .	18,07	2,74	15,22
Erbsenstroh . . .	10,07	1,85	18,11

Es werden also auch durch Diastase Pentosane gelöst, was auch nicht befremden kann, wenn man annimmt, daß die Hemicellulosen durch fortwährende Wasserabspaltung aus der Stärke entstehen, wobei die Pentosane durch Oxydation der Hexosane gebildet werden können.

4. Verhalten der Pentosane gegen Pepsinsalzsäure.

Die feingemahlenen Körner- und Stroharten wurden entfettet, durch Diastase von der Stärke befreit und sodann 40 Stunden bei 37—40° mit Pepsinsalzsäure (1 %) behandelt. Die Filtrate wurden neutralisiert, eingedampft und mit 12 %-iger Salzsäure destilliert. Sie ergaben:

Substanz	Gesamtmenge	Gelöste Pentosane	Mithin gelöst in % der Gesamtmenge
	%	%	%
Roggen	8,90	0,89	10,0
Erbsen	3,62	0,63	17,1
Kartoffel	2,12	0,29	13,6
Roggenstroh	18,07	2,07	11,2
Erbsenstroh	10,27	1,42	13,8

Also auch durch sehr verdünnte Salzsäure wird bei längerer Einwirkung und etwas erhöhter Temperatur eine geringe Menge Pentosane gelöst.

Wie aus den verschiedenen Tabellen ersichtlich ist, werden immer nur niedere oder mittlere Prozentsätze gelöst, in den meisten Fällen überwiegen die schwerlöslichen Pentosane.

Zur Vereinfachung des bis dahin gebräuchlichen Weender-Verfahrens konnten demnach die angegebenen Lösungsmittel nicht in Frage kommen. Auf Grund der Tatsache, daß das Verfahren zwei große Fehler hat, nämlich eine zu verdünnte Säure, um alle Hemicellulosen zu lösen, und andererseits eine zu konzentrierte Lauge, welche außer Fett und Proteinstoffen noch Teile des Lignins und der inkrustierenden Substanzen löst, wurden weiterhin Lösungsversuche mit Säuren und Alkalien von verschiedener Konzentration vorgenommen.

Direktes Kochen mit 0,5%-iger Kalilauge löste aus Mehlen, Heu und Stroharten bis zu 96% Stickstoff, bei vorherigem Kochen mit $1^1/_4$%-iger Schwefelsäure sogar noch mehr. Ferner wurde beim Kochen von Gemüsearten mit 3%-iger Schwefelsäure und sodann mit 0,5%-iger Sodalösung eine Rohfaser gewonnen, bei der fast alle Stickstoffsubstanzen gelöst waren und deren Menge der nach dem alten Verfahren gewonnenen Rohfaser gleichkam.

Während also eine verdünntere als $1^1/_4$%-ige Kalilösung zur Bestimmung der Rohfaser genügen würde, würde aber eine $1^1/_4$%-ige Schwefelsäure nicht ausreichen, die Hemicellulosen (Pentosane und Hexosane) vollständig zu entfernen. Die von J. König und R. Großmann wie auch schon von B. Tollens angestellten Versuche, die zu hohe Konzentration der 12%-igen Salzsäure der Furfuroldestillation durch Zusatz von Zinkchloridlösung und Weinsäure herabzudrücken, schlugen fehl, da die Substanzen verkohlten. Dasselbe trat ein beim Erhitzen mit $1^1/_4$%-iger Schwefelsäure oder Salzsäure im Dampftopf bei 6,0 Atmosphären Druck. Dagegen gelang es bei jung geerntetem Gemüse durch 4-stündiges Kochen mit 6%-iger Salzsäure oder 6%-iger Schwefelsäure am Rückflußkühler die Pentosane ziemlich vollständig in Lösung zu bringen, ohne daß die Substanz verkohlte oder ihre Struktur zerstört wurde. Bei Roggen- und Erbsenstroh versagten aber auch diese Versuche.

Dagegen zeigten erneute Versuche bei Behandlung mit 3%-iger Schwefelsäure im Dampftopf bei 3 Atmosphären und 2—4-stündigem Erhitzen wesentlich günstigere Ergebnisse.

In der Folgezeit hat J. König auf Grund genannter Beobachtungen und den von H. Hönig und Gabriel angegebenen Verfahren, bei denen Glycerin allein oder mit Alkali verwendet wurde, eingehende Versuche angestellt, um unter Fortlassung des Alkalis den Säuregrad zu finden, der die Hexosane und Pentosane möglichst quantitativ in Lösung bringe, während die zurückbleibende Faser, d. h. die wahre

Cellulose nebst den inkrustierenden Substanzen ungelöst bliebe und letztere auch für sich bestimmt werden könnte. Daraufhin schlug J. König ein Kochen oder Dämpfen der Substanz mit Glycerinschwefelsäure (20 g konzentrierte Schwefelsäure auf 1 Liter Glycerin vom spez. Gew. 1,23) vor, gleichzeitig empfahl er zur Oxydation der Lignine Wasserstoffsuperoxyd und Ammoniak, wodurch die Cellulose nicht oder bei nicht zu langer Einwirkung nicht wesentlich angegriffen werde.

In Gemeinschaft mit Fr. Reinhardt[1]) hat J. König auf Grund zahlreicher Versuche, bei denen wechselnde Mengen der genannten Reagenzien zur Verwendung kamen, folgendes Verfahren als das zweckmäßigste festgelegt:

3 g lufttrockene Substanz werden mit 200 ccm obiger Glycerinschwefelsäure im Autoklaven bei $135^0 = 3$ Atmosphäre eine Stunde gedämpft, verdünnt, durch einen besonders zu diesem Zwecke hergestellten Nickeltiegel mit Asbestfilter filtriert, mit Wasser, Alkohol und Äther ausgewaschen, getrocknet, gewogen, in Platinschale geglüht und wieder gewogen. Die Differenz der beiden Wägungen ergibt die R o h f a s e r. Bei einer zweiten Probe wird die Rohfaser nicht geglüht, sondern mit 100 ccm 2—3 %-igem Wasserstoffsuperoxyd und 10 ccm Ammoniak (15 %) übergossen und später nochmals 100 ccm 4 % Wasserstoffsuperoxyd und 5 ccm Ammoniak hinzugefügt. Nach mehrtägigem Stehenlassen unter zeitweiligem Umrühren und nach einhalbstündigem Kochen wird wieder durch Asbestfilter filtriert, ausgewaschen, getrocknet, gewogen, geglüht und wieder gewogen. Der Glühverlust ist r e i n e C e l l u l o s e. Die Differenz zwischen dieser und der vorher bestimmten Rohfaser gibt die Menge L i g n i n e.

In wenig veränderter Form ist das Verfahren bis heute beibehalten.

Es werden durch Behandeln mit Glycerinschwefelsäure Fett, N-haltige Stoffe, Kohlenhydrate und Hemicellulosen bis auf geringe Mengen gelöst. Die w a h r e Cellulose wird nicht oder nicht wesentlich angegriffen, wie durch Versuche mit schwedischem Filtrierpapier und Baumwolle nachgewiesen wurde, und die ligninartigen Körper in sehr geringem Grade, jedenfalls weit weniger, als nach dem H e n n e b e r g'schen Verfahren, was daraus erhellt, dass die Rohfaser nach J. König einen höheren Kohlenstoffgehalt zeigt, als die nach H e n n e b e r g, z. B.:

Verfahren	Grasheu	Kleeheu	Roggenstroh	Erbsenstroh
	%	%	%	%
Henneberg	45,49	46,84	45,97	48,06
König	46,64	47,92	46,28	49,95

In gemeinsamen Arbeiten mit R. Murdfield[3]) und A. Fürstenberg[4]) weist J. König dann wiederum nach, daß die Lignine k e i n e chemisch e i n h e i t l i c h e n Körper sind. In diesen Arbeiten wurde außer der Bestimmung der Rohfaser und des durch Oxydation von Ligninen befreiten Rückstandes von König und Murdfield die Elementarzusammensetzung des letzteren ermittelt, wobei sich als auf-

---

[1]) Reinhardt, Die Best. d. Zell. u. ihr Verhalten, sowie das d. Pentosane im Darmkanal d. Menschen. Inaug.-Diss, Münster i. W. 1903 u. Zeitschr. f. Untersuchung d. Nahrungs- u. Genußmittel 1898, **1**, 1; 1902, **5**, 110; 1903, **6**, 769.

[2]) Zeitschr. f. Unters. d. Nahr.- u. Genußm. 1903, **6**, 774.

[3]) R. Murdfield, Das Lignin u. Cutin in chem. u. phys. Hinsicht. Inaug.-Diss. Münster 1906.

[4]) A. Fürstenberg, Das Verhalten d. pflanzl. Zellmembran während d. Entwickelung in chem. u. phys. Hinsicht. Inaug.-Diss. Münster 1906.

fallendes Ergebnis herausstellte, daß dieser Rückstand trotz seines weißen Aussehens einen höheren Kohlenstoffgehalt ergab als Cellulose verlangt. Unter dem Mikroskop zeigte dieser weiße Rückstand bei deutlicher eigenartiger Struktur neben der Blau-färbung durch Jod und Schwefelsäure noch gelbe Stücke, ebenfalls mit deutlicher Struktur. König und Murdfield lösten daher den Rückstand in Kupferoxyd-Ammoniak und erhielten nun in der Tat einen graugefärbten Rückstand, der noch die Struktur der Zellen zeigte. Dieser Körper wurde aus Kleien und Heu in größerem Maße hergestellt und ergab durch die Elementaranalyse einen Kohlenstoff-gehalt von 68—70 % in der wasser- und aschenfreien Substanz, während für Lignin bei Roggenkleie 54,43 % gefunden wurde. Infolge der Ähnlichkeit des neu isolierten Körpers mit dem „cutine" Fremy's wurde er Cutin genannt. Er hatte nach sehr langer Be-handlung mit Kupferoxyd-Ammoniak ein fast wachsähnliches Aussehen. Durch anhal-tendes Kochen mit 20 %-iger Kalilauge gelang es, das Cutin zu verseifen bis auf einen Rückstand von z. B. 22,76 %, der als Kieselsäure bestimmt wurde. Das Cutin wurde daher als ein inniges Gemenge von Kieselsäure mit einem wachsähnlichen Körper angenommen.

J. König schlug auf Grund dieser neuen Entdeckung folgendes Bestimmungs-verfahren vor:

Die durch Glycerinschwefelsäure erhaltene Rohfaser wird mit Wasserstoffsuper-oxyd und Ammoniak oxydiert, der Rückstand mit Kupferoxyd-Ammoniak behandelt, in bekannter Weise filtriert und der nun bleibende Rückstand als Cutin gewogen.

Aus dem mit Kalilauge verseiften Cutin wurden durch Äther geringe Spuren einer Verbindung ausgezogen, die beim Erwärmen durch ihren sehr deutlichen Geruch nach Fichtenharz an Coniferin erinnerte.

Aus diesem Grunde wurden Untersuchungen angestellt, ob das Cutin etwa mit Suberin identisch sei und wurde Kork nach demselben Verfahren verarbeitet. Dabei ergab der ätherische Auszug geringe Mengen Coniferin und einen wachsartigen stark nach Vanillin riechenden Körper. Die Elementarzusammensetzung ergab im Durch-schnitt einen Kohlenstoffgehalt von 60,64 bis 61,97 %. Darnach käme dem Cutin ein höherer Kohlenstoffgehalt zu, ferner zeigten Suberin und Cutin völlig verschiedene mikroskopische Bilder.

Die nach dem Oxydieren des Lignins durch Lösen in Kupferoxyd-Ammoniak und Fällen mit 80 %-igem Alkohol gewonnene Reincellulose hatte in den meisten Fällen die Zusammensetzung der wahren Cellulose (44,44 % C), bei Roggen- und Weizen-schalen wurde aber ein höherer Kohlenstoffgehalt gefunden, was die Vermutung nahe-legte, daß in dieser Cellulose noch kohlenstoffreichere Kerne z. B. Methoxyl- oder Äthoxyl-gruppen vorhanden seien. E. Winterstein[1] hat nämlich in der Pilzcellulose Äthoxyl oder Acetylgruppen angenommen. Daß sich auch im Lignin solche Kerne finden, wurde daraus geschlossen, daß sich nach der Oxydation in ammoniakalischer Flüssig-keit Ameisensäure und Essigsäure nachweisen ließen. Die direkten Bestimmungen des Äthoxyl- bezw. Methoxyls nach Zeisel ergaben folgende Werte:

---

[1] Berichte d. chem. Gesellsch. 1895, **28**, 167.

Futtermittel bzw. Kot		Rohfaser	Rohcellulose	Reincellulose
		%	%	%
Roggenkleie		3,42	1,62	1,18
Weizenkleie	Futter	3,67	2,50	2,82
	Kot	4,15	2,30	2,59
Gerstenkleie	Futter	3,49	0,74	0,58
	Kot	3,86	0,73	0,66
Erbsenkleie	Futter	3,01	0,45	0
	Kot	2,73	0	0
Buchweizenkleie	Futter	3,49	0,79	0,41
	Kot	4,60	0,36	0

Hiernach kommen in allen Rohfasern genannte Gruppen vor, in der Reincellulose in nennenswerten Mengen nur bei Roggen- und Weizenkleie. Es ist also die durch vorherige Behandlung mit Glycerinschwefelsäure und durch schwache Oxydation erhaltene Cellulose noch keine Reincellulose. Die Hauptmenge der kohlenstoffreicheren Verbindungen muß daher in dem Lignin vorhanden sein, und dadurch wird die Vermutung Cieslars[1]) bestätigt, daß das Lignin durch allmähliche Einlagerung von Methoxyl- bezw. Methyl oder Acetylgruppen in die Cellulose entstehe.

Der Übersicht halber möge hier eine Zusammenstellung der Untersuchungsergebnisse aus den Arbeiten von J. König und R. Murdfield über die Rohfasern, ihre Bestandteile und über den jeweiligen Kohlenstoffgehalt Platz finden.

Tier	Futtermittel	Rohfaser	Bestandteile der Rohfaser		
			Reincellulose	Lignin	Cutin
		%	%	%	%
Schwein .	Erbsenkleie	7,19	3,70	3,44	0,05 [2])
	Buchweizenkleie	11,16	5,85	5,66	0,25
	Gerstenkleie	7,51	3,67	3,59 [2])	0,25 [2])
	Weizenkleie	13,38	7,01	4,53	1,84
Kaninchen .	Weizenkleie	9,50	5,36	2,30	1,84

Die entsprechenden Zahlen für den Kohlenstoffgehalt in der wasser- und aschefreien Substanz waren folgende:

Futtermittel	Rohfaser		Reincellulose		Lignin (indirekt)		Cutin (indirekt)	
	Futter	Kot	Futter	Kot	Futter	Kot	Futter	Kot
	%	%	%	%	%	%	%	%
Erbsenkleie . . .	49,95	50,86	44,73	44,92	55,41	56,03	—	—
Buchweizenkleie .	50,10	51,24	44,40	46,68	55,23	56,13	67,86	64,45
Gerstenkleie . . .	50,45	49,58	44,90	44,89	53,75	55,99	67,15	63,30
Weizenkleie . . .	52,48	55,25	45,96	46,24	54,50	59,04	72,61	75,43

[1]) Chem. Zentralblatt 1899, **1**, 1214.

[2]) Die abweichenden unwahrscheinlichen Werte haben ihren Grund darin, daß bei Erbsenkleie die Cutinmengen so gering waren, daß sie sich kaum quantitativ bestimmen ließen, bei Gerstenkleie dagegen die Bestimmung des Cutins durch den gleichzeitig hohen Kieselsäuregehalt beeinträchtigt wurde und zu sehr schwankenden Ergebnissen führte.

In den gemeinschaftlichen zu gleicher Zeit stattgefundenen Untersuchungen von J. König und A. Fürstenberg ist die Auffindung des Cutins durch Murdfield an weiterem Material verwertet. Die Ergebnisse waren folgende:

Prozentuale Zusammensetzung der Rohfasern in der Trockensubstanz:

Tier	Futtermittel		Rohfaser	Bestandteile der Rohfaser		
				Reincellulose	Lignin	Cutin
			%	%	%	%
Hammel	Grasheu	vor der Blüte . .	22,75	20,82	3,86	1,07
		in der Blüte . .	29,57	22,49	6,01	1,07
		nach der Blüte .	33,20	24,08	8,25	0,89
Hammel	Kleeheu	vor der Blüte . .	19,55	14,01	4,49	1,05
		in der Blüte . .	22,92	16,59	5,32	1,01
		nach der Blüte .	29,22	20,65	7,05	1,52
	Erbsenstroh		37,41	23,61	11,28	2,22

Die Futter- und Kotrohfasern wurden längere Zeit mit Äther ausgezogen und lufttrocken durch Elementaranalyse der Kohlenstoffgehalt wie folgt ermittelt:

Rohfaser	Grasheu			Kleeheu			Erbsenstroh
	vor der Blüte	in der Blüte	nach der Blüte	vor der Blüte	in der Blüte	nach der Blüte	
	%	%	%	%	%	%	%
Futtermittel . . .	47,43	47,47	47,45	48,81	48,53	48,63	48,71
Zugehöriger Kot .	50,29	50,48	50,54	52,42	52,12	52,20	52,13

In gleicher Weise wurde die Elementaranalyse des Oxydationsrückstandes des mit Wasserstoffsuperoxyd und Ammoniak behandelten Rohfaser-Rückstandes ausgeführt und aus ihr unter Berücksichtigung der oxydierten Menge der Kohlenstoffgehalt des oxydierbaren Teiles, der Lignine, indirekt berechnet, z. B.: die wasserfreie Grasheurohfaser vor der Blüte hatte in Prozenten der Rohfaser ergeben 85,45 % Oxydationsrückstand mit 45,45 % C[1]). Demnach enthalten die 85,45 % $\frac{85 . 45 \times 45,45}{100} =$ 38,84 % C. Die zugehörige Rohfaser hatte in der Trockensubstanz 47,43 % C, also ist der oxydierte Teil $100 - 85,45 = 14,55$; mithin enthält die gelöste Menge $47,43 - 38,84 = 8,59$ % C oder in Prozenten $\frac{8,59 \times 100}{14,53} = 59,04$ % C.

In gleicher Weise wurde der Kohlenstoffgehalt des nicht oxydierbaren und in Kupferoxyd-Ammoniak unlöslichen Teiles der Rohfaser, des Cutins, berechnet, indem für den durch letzteres Reagens gelösten Anteil der Kohlenstoffgehalt der reinen Cellulose (44,44 %) gesetzt wurde.

---

[1]) Vergl. A. Fürstenberg: Das Verhalten d. pflanzl. Zellmembran während der Entwickelung in chem. u. physiol. Hinsicht. Münster. Inaug. Diss. 1906.

Aus diesen Rechnungen ergaben sich folgende Werte:

Kohlenstoff der oxydierten Substanz, der Lignine:

Substanz	Grasheu			Kleeheu			Erbsen-stroh
	vor der Blüte	in der Blüte	nach der Blüte	vor der Blüte	in der Blüte	nach der Blüte	
	%	%	%	%	%	%	%
Futtermittel . . .	59,04	55,82	55,35	60,90	58,46	57,98	(52,84)
Zugehöriger Kot .	55,23	57,09	58,55	57,50	60,06	60,66	58,23

Kohlenstoff der nicht oxydierten und in Kupferoxyd-Ammoniak unlöslichen Substanz, des Cutins:

Substanz	Grasheu			Kleeheu			Erbsen-stroh
Futtermittel . . .	65,29	63,83	60,67	63,56	63,07	62,64	71,33
Zugehöriger Kot .	62,05	62,68	63,17	66,40	65,60	65,32	68,89

Aus den für den oxydierten Teil der Futtermittelrohfasern mit zunehmendem Alter regelmäßig fallenden und für den zugehörigen Kot regelmäßig steigenden Zahlen ist zu schließen, daß die Lignine der Futtermittel verschiedenartige Kohlenstoffverbindungen von 55—60 % und mehr enthalten müssen, und ferner, daß neben den Ligninen Verbindungen mit noch höherem Kohlenstoffgehalt von 60—70 % in dem nicht oxydierten Teile vorhanden sind.

Diese Ergebnisse bestätigen also die schon im Jahre 1863/64 von G. Kühn gemachten Beobachtungen, daß das Kotlignin stets 2—3 % an Kohlenstoff reicher ist als das Futterlignin.

Auf Grund dieser gemeinsamen Arbeiten schließt J. König, daß das Lignin aus der Cellulose, wie schon Cieslar, Benedikt und Bamberger vermuteten, durch Einlagerung von Methylgruppen entstehe. Darnach hätte eine Cellulose mit

$$
\begin{aligned}
&\text{1. 1 Methylgruppe} && = C_6H_9\,(CH_3)\,O_5 && = 47{,}70\ \%\ C \\
&\text{2. 2 \quad\quad\quad „} && = C_6H_8\,(CH_3)_2\,O_5 && = 50{,}50\ \text{„ „} \\
&\text{3. 3 \quad\quad\quad „} && = C_6H_7\,(CH_3)_3\,O_5 && = 52{,}90\ \text{„ „} \\
&\text{4. 4 \quad\quad\quad „} && = C_6H_6\,(CH_3)_4\,O_5 && = 55{,}00\ \text{„ „}
\end{aligned}
$$

Die Stufen Nr. 1 bis 3 sind noch wie die Cellulose in Kupferoxyd-Ammoniak löslich, 4 dagegen nicht mehr, zeigt auch nicht mehr die blaue Jodreaktion und hat wie Lignin einen Kohlenstoffgehalt von 55,00 % und mehr.

Einen weiteren Einblick in die Beschaffenheit der Bestandteile der Zellmembran gewähren die Arbeiten von J. König und W. Sutthoff[1]). Während die in kaltem Wasser löslichen wahren Kohlenhydrate (Dextrin und Zucker) Pentosane, Stärke, wahre Cellulose und Cutin quantitativ bestimmbar waren, liessen sich bis dahin die durch ihren höheren Kohlenstoffgehalt charakterisierten „Lignine" noch nicht direkt bestimmen. Diese sind in kaltem Wasser unlöslich, werden aber von Wasser unter Druck und Glycerinschwefelsäure zum Teil und in verschiedenem Grade gelöst. Um über die Konstitution dieser gelösten Stoffe Aufschluß zu erhalten, wurden die Futtermittel mit Aether und kaltem Wasser behandelt, die Rückstände mit Wasser und

---

') W. Sutthoff: Zur Kenntnis d. sogen. stickstofffreien Extraktstoffe in den Futter- u. Nahrungsmitteln. Inaug.-Diss. Münster 1909.

Glycerinschwefelsäure unter Druck gedämpft, elementaranalytisch untersucht und durch Differenzberechnung der Kohlenstoffgehalt der gelösten Stoffe berechnet. Die Ergebnisse waren folgende:

Kohlenstoffgehalt der gelösten Stoffe durch:

	a Wasser	b Glycerinschwefelsäure unter Druck
Grasheu	48,40	51,73 % C
Kleeheu	50,68	53,09 „ „
Bollmehl	47,16	53,00 „ „
Biertreber	51,06	53,22 „ „

Der in Wasser unter Druck lösiche Teil (a) zeigte einen niederen Kohlenstoffgehalt als der in Glycerinschwefelsäure lösliche Teil (b).

Der Kohlenstoffgehalt des durch Glycerinschwefelsäure gelösten Teiles kommt hiernach dem Kohlenstoffgehalt der in der Rohfaser zurückbleibenden Lignine sehr nahe, woraus J. König und W. Sutthoff schlossen, daß die kohlenstoffreicheren Gruppen (Lignine mit über 45,45 % C) in verschieden kondensierter Form vorkommen und zum Teil mit gelöst sein müßten. Zur Feststellung, ob in diesen Stoffen Methyl- oder Acetylgruppen vorkämen, wurden in den verschiedenen Rückständen Methyl-bestimmungen nach Zeisel vorgenommen.

Die Methylzahlen müßten, wenn die Rohfaser alle ligninartigen Stoffe enthielte, für alle Rückstände gleich hoch sein. Es wurden aber, auf asche- und wasserfreie Substanz berechnet, folgende Methylzahlen gefunden in Prozenten:

Substanz	Rückstand vom Ausziehen mit		Rückstand vom Dämpfen mit	
	Äther	kaltem Wasser	Wasser	Glycerin-schwefelsäure
	%	%	%	%
Grasheu	2,17	1,92	1,04	0,56
Kleeheu	2,60	2,14	1,36	0,70
Bollmehl	1,38	1,00	0,41	0,19
Treber	1,81	1,73	0,90	0,49

Darnach nehmen die Methylzahlen schon durch Dämpfen mit Wasser, mehr noch durch Dämpfen mit Glycerinschwefelsäure ab, woraus zu schließen ist, daß ligninartige Körper und nicht allein Kohlenhydrate in Lösung gegangen sind.

Da Methylpentosane einen höheren Kohlenstoffgehalt (mindestens 49,30 %) verlangen als Cellulose (44,44 %) und einfache Pentosane (45,45 %), so könnten dieselben auch an der Erhöhung des Kohlenstoffgehaltes der aufgeschlossenen Stoffe beteiligt sein. Die nach dem Verfahren von B. Tollens vorgenommene Bestimmung lieferte folgende Mengen Methylpentosane:

Substanz	Rückstand vom Ausziehen mit		Rückstand vom Dämpfen mit	
	Äther	kaltem Wasser	Wasser	Glycerin-schwefelsäure
	%	%	%	%
Grasheu	2,66	2,36	1,55	0,71
Kleeheu	2,96	2,86	1,29	0,42
Bollmehl	1,09	1,00	0,33	0,10
Treber	1,13	0,70	0,24	0,09

Die Monomethylpentosane erfordern 21,24 % OCH$_3$; daher müßte sich der Wert des **eigentlichen Ligninmethoxyls** durch eine Verminderung des Gesamtmethoxyls um $\dfrac{\text{Methylpentosane} \times 21,24}{100}$ ergeben, nämlich wie folgt:

Substanz	Rückstand vom Ausziehen mit		Rückstand vom Dämpfen mit	
	Äther	kaltem Wasser	Wasser	Glycerin-schwefelsäure
	%	%	%	%
Grasheu	1,61	1,42	0,71	0,41
Kleeheu	1,97	1,53	1,08	0,61
Bollmehl	1,15	0,79	0,34	0,17
Treber	1,57	1,59	0,85	0,47

Diese Zahlen haben nach J. König und W. Sutthoff zwar keinen Anspruch auf Genauigkeit, berechtigen aber zu dem sicheren Schluß, daß die Lignine zur Rohfaser hin stufenweise abnehmen.

Neben den Methylpentonsanen kommen aber auch Hexosane in den Pflanzen vor, und so läßt der höhere Kohlenstoffgehalt der ligninartigen Verbindungen einen Schluß auf Gemische von einfachen Hexosanen und Pentosanen mit höher methylierten Verbindungen zu; indes bleibt die Frage, wie König und Sutthoff folgern, so lange unentschieden, bis für die Bestimmung der Lignine vollkommenere Verfahren aufgefunden sein werden.

Daß von der Rohfaser die Bestandteile mit geringerem Kohlenstoffgehalt leichter verdaut wurden als die mit höherem Kohlenstoffgehalt, zeigten an Hammeln vorgenommene Fütterungsversuche. Die entsprechenden Kote lieferten für die Rückstände in derselben Weise behandelt, wie die Futtermittel folgende Kohlenstoffgehalte in der wasser-, asche- und proteinfreien Substanz, nämlich:

	Rückstand nach dem Dämpfen mit	
	Wasser	Glycerin-Schwefelsäure
Bei Grasheukot . . .	53,27 %	53,58 %
„ Kleeheukot . . .	55,17 „	55,39 „

Es mußten also hier kohlenstoffreiche Lignine gelöst sein, da der Kohlenstoffgehalt der Kotrückstände höher war als der der Futterrückstände.

Die Rohfaser wurde ferner nach dem Verfahren von J. König in wahre Cellulose, Lignin und Cutin mit folgendem Ergebnis zerlegt:

Substanz	Rohfaser	Bestandteile der Rohfaser		
		wahre Cellulose	Lignin	Cutin
	%	%	%	%
Grasheu	26,79	19,29	6,69	0,81
Kleeheu	24,92	15,01	8,93	0,97
Bollmehl	10,46	4,98	3,53	1,96
Treber	17,70	10,74	5,88	1,08

Wenn durch einfaches Kochen mit $1\frac{1}{4}$ %-iger Schwefelsäure Stoffe gelöst wurden, die einen höheren Kohlenstoff aufwiesen als Cellulose oder Pentosane, so war

— 33 —

das beim Dämpfen mit Glycerin unter Zusatz von 2%-iger Schwefelsäure bei 3 Atm. noch mehr zu erwarten. Schon bei einfachem Dämpfen mit Wasser bei 3 Atm. Druck fand J. König[1]) diese Vermutung bestätigt. Der Kohlenstoffgehalt der ge lösten Stoffe war nämlich folgender:

Gelöst durch	Grasheu	Grasheu-Kot	Kleeheu	Kleeheu-Kot	Bollmehl	Biertreber
	%	%	%	%	%	%
1. Wasser unter Druck . . .	48,40	53,60	50,68	52,57	47,16	51,06 C
2. Glycerin-Schwefelsäure . .	51,73	52,94	53,09	54,76	53,00	53,22 C

Bei weiteren Versuchen von J. König und Fr. Hühn an Holz und Pflanzenfasern wurde auch der Kohlenstoffgehalt der durch Oxydation mit Wasserstoffsuperoxyd und Ammoniak nach Behandlung mit Glycerinschwefelsäure gelösten Substanz festgestellt, was ein ähnliches Bild ergab:

Gelöst durch	Buchenholz	Eichenholz	Tannenholz	Sulfit-Cellulose	Jute
	%	%	%	%	%
1. Glycerin-Schwefelsäure	51,10	49,57	48,91	46,78	52,28 C
2. Oxydation mit $H_2O_2 +$ NH$_3$	59,62	57,65	60,43	66,94	45,47 C

Man muß also nach diesen Untersuchungen wie neben der wahren Cellulose die Hemizellulosen, so neben den wahren, nur durch Oxydation zu entfernenden kohlenstoffreicheren Ligninen, auch eine Gruppe Hemilignine, die schon durch Hydrolyse ohne gleichzeitige Oxydation gelöst werden, annehmen.

In der Tat ergab sich, daß durch Dämpfen mit Glycerinschwefelsäure Methyl- bezw. Methoxylverbindungen gelöst wurden, nämlich für 1000 Teile:

Gelöst durch	Eichenrinde	Eichenholz	Tannenholz	Jute
	⁰/₀₀	⁰/₀₀	⁰/₀₀	⁰/₀₀
Glycerinschwefelsäure	44,46	68,37	34,57	85,56
Oxydation	95,57	96,88	95,31	95,38

Durch die Verschiedenheit der Cellulosebestimmungsverfahren und die Unsicherheit ihrer Ergebnisse wurden J. König und Fr. Hühn[2]) veranlaßt, eine Reihe der bekanntesten von Renker und anderen als bewährt empfohlenen Verfahren an Holzarten und Gespinstfasern nachzuprüfen, und die erhaltenen Rückstände qualitativ und quantitativ möglichst eingehend darauf zu untersuchen, inwieweit sie sich als reine Cellulose erwiesen. Aus den Ergebnissen der vorgenommenen qualitativen Reaktionen (Lösung der Substanzen in konzentrierter Schwefelsäure und in Chlorzink-Salzsäure, Anfärben mit organischen Farbstoffen basischen und sauren Charakters

---

[1]) J. König: Über d. analyt. Bestimmung u. techn. Gewinnung d. Cellulose. Mitteil. a. d. Landw. Vers.-Stat. Münster 1912.

[2]) Fr. Hühn, Bestimmung der Cellulose in Holzarten und Gespinstfasern. Inaug.-Diss. Münster 1911.

zwecks Prüfung auf Oxy- und Hydrocellulose, Nachweis der Gegenwart von Ligninen mittels einiger der gebräuchlichsten Reaktionen) sei hier nur kurz erwähnt, daß die nach den Cellulosebestimmungsverfahren von H. Müller, Tollens-Dmochowski und J. König erhaltenen Rückstände sämtlichen Prüfungen gegenüber am besten standhielten, mithin qualitativ als rein oder fast rein zu bezeichnen waren, mit der Einschränkung jedoch, daß die Rotfärbung mit Phloroglucin-Salzsäure nur bei den nach J. König erhaltenen Cellulosen, wie auch bei den Rohfasern nach J. König ausblieb, während die Präparate nach Tollens und nach Müller hier durchweg eine sehr deutliche Rotfärbung ergaben, sich mithin, trotzdem sie schneeweis aussahen, nicht als reine Cellulose erwiesen. Der Umstand, daß sämtliche anderen Ligninreaktionen diesen Präparaten gegenüber versagten, wies zwingend darauf hin, daß die Rotfärbung mit Phloroglucin-Salzsäure überhaupt keine Ligninreaktion, sondern nur eine Reaktion auf Pentosane ist.

Zur quantitativen Prüfung der Reinheit ihrer Cellulosepräparate bedienten sich J. König und Fr. Hühn einmal der Elementaranalyse und Wärmewertbestimmung, ferner der Bestimmung der Methylzahl nach Benedikt, Bamberger, Zeisel und des Pentosangehaltes nach dem Verfahren von Tollens und Krüger. Der Ausfall dieser Ermittelungen lehrte, daß eine nur auf qualitativen Reaktionen beruhende Prüfung der Cellulose auf Reinheit unzuverlässig und unzureichend ist.

Der Kohlenstoffgehalt der meisten Präparate, namentlich der Rohfasern sowie der Cellulose nach Croß und Bevan und nach Franz Schulze, betrug oft wesentlich mehr als 44,44 %, welche Zahl sich für den Kohlenstoff der reinen Cellulose berechnet. Diese Präparate mußten mithin noch Substanzen mit höherem Kohlenstoffgehalt einschließen, als welche bei den gereinigten Holzarten und Gespinstfasern nur Pentosane oder Lignine oder beide, bei den untersuchten Rinden neben diesen Stoffen auch Cutin und Suberin in Frage kommen konnten. Aber selbst ein zu 44,44 % ermittelter Kohlenstoffgehalt konnte nicht als bündiger Beweis für die Reinheit eines Cellulosepräparates genügen, da mit der Möglichkeit gerechnet werden mußte, daß er die Mittelzahl für ein Gemisch von Oxy- oder Hydrocellulose mit etwa 42 bis 43 % Kohlenstoff und Pentosanen oder Ligninen mit 45 % Kohlenstoff und darüber sein konnte.

Demselben Zwecke wie die Elementaranalyse, nämlich der Ermittelung des Kohlenstoffgehaltes, dienten die von J. König und Fr. Hühn in großer Zahl ausgeführten Wärmewertbestimmungen. Für reine Cellulose wurde als Durchschnittszahl aus den an 8 verschiedenen Baumwollpräparaten ausgeführten Bestimmungen ein Wärmewert von 4292,1 Calorien berechnet. Da die Schwankungen im Wasserstoffgehalt eines Cellulosematerials kaum sehr groß sein können, dieser bei einer Cellulose ohnehin einen nur verhältnismäßig geringen Anteil der Elementarzusammensetzung, nämlich 6,17 % ausmacht, so waren erheblichere Abweichungen von der oben angegebenen Zahl offenbar auf einen von 44,44 % abweichenden Kohlenstoffgehalt zurückzuführen. In der Tat fanden J. König und Fr. Hühn für sämtliche Materialien, bei denen elementaranalytisch ein hoher Kohlenstoffgehalt ermittelt war, stets auch entsprechend hohe Calorienzahlen, beispielsweise bei Tannenholz mit 49,85 % Kohlenstoff 4898,3 (kleine) „Calorien". Die Tatsache, daß beide Bestimmungsverfahren durchweg übereinstimmende und sich ergänzende Werte lieferten, bewies ihre Zuverlässigkeit und die Berechtigung der daraus gezogenen Schlüsse.

Was nun die Ergebnisse der elementaranalytischen Prüfung betrifft, so belehrten sie, daß die nachgeprüften Cellulosebestimmungsverfahren den Gespinstfasern gegenüber als brauchbar beurteilt werden konnten, daß sie bei den Holzarten dagegen auf größere Schwierigkeiten gestoßen waren und die Erfolge hier daher teilweise unbefriedigend blieben.

Die Rohfasern nach dem Weender-Verfahren sowohl wie namentlich die nach J. König wiesen einen durchweg erheblich höheren Kohlenstoffgehalt auf als die entsprechenden Ausgangsmaterialen, die Rohfasern enthielten mithin noch Stoffe mit höherem Kohlenstoffgehalt. Ob es sich hierbei um Lignine oder Pentosane oder um beide Stoffklassen handelte, darüber vermochten Elementaranalyse und Wärmewertbestimmung keinen Aufschluß zu geben. Bei den Holzarten hatten auch die Verfahren von Croß und Bevan sowie Fr. Schulze versagt. Im allgemeinen wurde der Befund der qualitativen Untersuchungen hier insofern bestätigt, als nur die drei Verfahren von Tollens-Dmochowski, H. Müller und J. König Rückstände geliefert hatten, deren Kohlenstoffgehalt dem der wahren Cellulose am nächsten kam.

Bei den Rinden war es nach keinem Verfahren gelungen, reine Cellulose zu erhalten, was auf die Gegenwart des hier alle Elemente der Zellwandung stark inkrustierenden und daher gegen chemische Angriffe schützenden Cutins bezw. Suberins zurückzuführen war. Bei diesen Materialien wurden daher Cutinbestimmungen ausgeführt, indem aus den oxydierten Rohfasern die Cellulose einmal durch Kupferoxyd-Ammoniak, bei einer Vergleichsbestimmung durch Zinkchlorid-Salzsäure herausgelöst wurde. Die erhaltenen Werte zeigten gute Übereinstimmung, es ergaben sich, auf asche- und wasserfreies Ausgangsmaterial bezogen, folgende Prozentzahlen für Cutin:

Behandlung		Buchenrinde	Eichenrinde	Tannenrinde
Durch Behandlung der nach König erhaltenen Cellulose mit:	Kupferoxyd-Ammoniak . . .	% 4,32	% 7,15	% 3,26
	Chlorzink-Salzsäure .	4,42	7,33	3,33

Um Anhaltspunkte für die chemische Zusammensetzung der Ligninverbindungen zu erhalten, haben J. König und Fr. Hühn den prozentualen Kohlenstoffgehalt des durch die Rohfaserbestimmungs- und Oxydationsverfahren gelösten Teiles der Ausgangsmaterialien bestimmt und folgende Zahlen erhalten:

Substanz	Buchen-rinde	Eichen-rinde	Tannen-rinde	Buchen-holz	Eichen-holz	Tannen-holz	Sulfit-Cellulose	Jute
	%	%	%	%	%	%	%	%
Weender-Rohfaser . .	45,47	48,25	47,74	51,46	49,04	49,06	49,89	47,25
Rohfaser nach J. König	47,16	48,03	46,46	51,10	49,57	48,91	46,78	52,28
Cellulose nach Tollens	47.90	52,23	50,25	53,81	53,12	57,31	60,33	56,05
Cellulose nach König	47,74	51,02	49,72	52,63	51,74	54,27	53,22	51,68
Durch direkte Behandlung mit $H_2O_2 + NH_3$	44,25	49,00	48,13	49,48	50,59	62,00	50,00	59,93
Cellulose nach Croß und Bevan . . .	49,09	50,40	49,62	57,18	56,24	66,19	58,18	61,50
Cellulose nach Fr. Schulze	43,37	48,07	48,01	54,56	53,40	56,24	52,39	57,53
Cellulose nach H. Müller	—	—	—	58,47	57,65	61,69	60,67	—

Die Zahlen, die in allen Fällen mehr oder weniger erheblich über 44,44%
liegen, lehrten, daß es nach sämtlichen Verfahren gelungen war, Ligninverbindungen
herauszuschaffen, doch war der Unterschied in der Höhe des durchschnittlichen Kohlenstoffgehaltes der durch die beiden Rohfaser- und die Cellulosebestimmungsverfahren
nach Tollens und nach König einerseits und derjenigen nach Croß und Bevan
und H. Müller andererseits herausgelösten Substanzen so in die Augen fallend,
daß J. König und Fr. Hühn sich veranlaßt sahen, der Frage nach dem Grunde
dieser Erscheinung nachzugehen. Sie fanden die Erklärung hierfür in der grund-
sätzlichen Verschiedenheit der genannten Bestimmungsverfahren. Croß und Bevan
sowie H. Müller bedienen sich ausschließlich einer Oxydation und erreichen dadurch
die Entfernung der Ligninverbindungen. Tollens und König lassen dagegen der
Oxydation eine Hydrolyse voraufgehen, deren Wirkung sich vorwiegend auf die Stoffklassen der Hemicellulosen und Pentosane erstreckt, die durch eine Oxydation weniger
angegriffen werden, in den nach Croß und Bevan sowie H. Müller erhaltenen
Cellulosepräparaten mithin noch größtenteils zurückgeblieben sein müssen. Der nach
diesen Verfahren herausgelöste Teil der Ausgangsmaterialien besteht vorwiegend aus
Ligninen, die nach Tollens und nach König bezw. mittels der Rohfaserbe-
stimmungsverfahren gelöste Substanzmenge besteht dagegen z. T. aus Ligninen, ferner vorwiegend aus Hemicellulosen und Pentosanen. Da von diesen drei Stoffklassen die Lignine
den höchsten Kohlenstoffgehalt haben, so ist es einleuchtend, daß der durchschnittliche
Kohlenstoffgehalt um so wesentlicher erniedrigt erscheinen muß, je mehr Pentosane und
vor allem je mehr Hemihexosane den Ligninen beigemengt sind. In Verfolgung dieses
Gedankenganges mußte nun die Tatsache, daß sich der Kohlenstoffgehalt des nach
Tollens herausgelösten Teiles der Ausgangsmaterialien durchweg noch höher berechnet
als nach dem Verfahren von J. König, darauf schließen lassen, daß die von Tollens
gewählte Form der Hydrolyse, nämlich das Weender-Rohfaserverfahren, nicht immer
imstande war, sämtliche Hemihexosane und Pentosane zu entfernen. Daß die Behandlung mit $1\frac{1}{4}$%-iger Schwefelsäure, wie das Weender-Verfahren vorschreibt, zur Entfernung aller Pentosane und Hemihexosane nicht ausreicht, ist schon von E. Schulze
beobachtet worden, der sogar eine 2%-ige Schwefelsäure für die Lösung mancher Hemicellulosen noch für zu schwach hält. Durch die Ergebnisse der weiter unten zu be-
sprechenden von J. König und Fr. Hühn ausgeführten Pentosanbestimmungen
wurde die hier bereits nahe liegende Vermutung in der Tat bestätigt, denn in den
nach Tollens erhaltenen Cellulosepräparaten konnten durchweg noch wesentliche
Mengen von Pentosanen nachgewiesen werden.

Da über die Menge der gelösten Hemihexosane kein Aufschluß zu erreichen
ist, so kann nach J. König und Fr. Hühn der Kohlenstoffgehalt der Lignine nur
schätzungsweise bestimmt werden, er muß aber mindestens so hoch sein, wie er sich
für die durch ausschließliche Anwendung eines Oxydationsverfahrens (H. Müller,
Croß und Bevan) gelöste Substanz berechnet. Darnach haben die Lignine einen
Kohlenstoffgehalt bis zu etwa 67%.

Da die Rohfasern nach dem Weender-Verfahren sowohl wie nach J. König
infolge der mit dem Ausgangsmaterial vorgenommenen hydrolytischen Behandlung
mehr oder weniger frei von Hemicellulosen sein mußten, so konnte durch die weitere
oxydative Behandlung mit Salpetersäure oder Wasserstoffsuperoxyd-Ammoniak in der
Hauptsache nur noch Lignin beseitigt werden. Aus dieser Erwägung heraus
berechneten J. König und Fr. Hühn den Kohlenstoffgehalt der durch Behandlung
mit Salpetersäure nach Tollens-Dmochowski der Weender-Rohfaser und durch

Behandlung mit Wasserstoffsuperoxyd und Ammoniak aus der Rohfaser nach J. König entfernten Ligninsubstanzen und fanden folgende Zahlen:

Verfahren von	Buchen-rinde	Eichen-rinde	Tannen-rinde	Buchen-holz	Eichen-holz	Tannen-holz	Sulfit-Cellulose	Jute
	%	%	%	%	%	%	%	%
a) Tollens . . .	51,30	59,94	61,18	56,25	59,20	63,63	69,67	62,28
b) König	50,00	56,17	59,62	57,65	60,43	66,30	66,94	45,47

Diese Zahlen beweisen die Richtigkeit der besprochenen Annahme, ja in einem Falle war die berechnete Durchschnittszahl noch erheblich höher als 67 %, sie betrug 69,67 %.

Die Methylzahlen wurden nach dem Verfahren von Benedikt-Bamberger[1]) bestimmt und ergaben die Werte in Prozenten der Rückstände:

Art des Rückstandes	Eichenrinde	Eichenholz	Tannenholz	Jute
	%	%	%	%
Weender-Rohfaser	29,08	28,59	27,90	16,96
Rohfaser nach König	28,06	18,16	29,24	5,87
Cellulose nach Tollens	2,86	1,34	2,11	2,30
Cellulose nach König	3,24	2,38	3,29	2,06
Rückstand nach direkter Behandlung mit $H_2O_2 + NH_3$	22,11	24,37	22,79	21,88
Cellulose nach Croß und Bevan .	12,45	3,53	7,07	2,86
Cellulose nach Fr. Schulze . . .	24,24	12,16	12,59	8,25
Cellulose nach H. Müller	—	4,85	5,99	—

Aus diesen Zahlen konnten dann die Methylzahlen des durch Anwendung der verschiedenen Verfahren gelösten Teiles des Ausgangsmateriales berechnet werden, indem die Methylzahlen der Rückstände mit denjenigen der Ausgangsmaterialien in Beziehung gebracht wurden. Demnach waren folgende Methylmengen, bezogen auf die Ausgangsmaterialien, in Lösung gebracht worden:

Art des Rückstandes	Eichenrinde	Eichenholz	Tannenholz	Jute
	%	%	%	%
Weender-Rohfaser	5,32	8,87	2,80	10,47
Rohfaser nach König	9,23	19,71	8,48	19,97
Cellulose nach Tollens	19,99	28,17	23,50	22,37
„ „ König	19,84	27,93	23,38	22,70
Rückstand nach direkter Behandlung mit $H_2O_2 + NH_3$	5,68	10,49	3,97	3,85
Cellulose nach Croß und Bevan . .	13,87	26,54	19,55	21,56
„ „ Fr. Schulze . . .	6,32	21,70	17,06	17,57
„ „ H. Müller	—	25,67	20,73	—

---

[1]) Vergl. J. König, Chemie d. menschl. Nahrungsmittel- u. Genußmittel 1909, **3**, S. 541.

Diese Zahlen stellen zwar nicht die Methylzahlen der gelösten Teile des Ausgangsmateriales dar, denn sie sind nicht auf die gelöste Substanz selbst, sondern auf das Ausgangsmaterial bezogen, sie genügten aber, um die Berechnung der Ligninmengen aus der Methylzahl durch Multiplikation dieser mit 1,890, wie es von Benedikt und Bamberger vorgeschlagen worden ist, als ungenau bezw. in vielen Fällen als völlig verfehlt erscheinen zu lasssen, denn so würde man häufig zu Zahlen gelangen, die 100 % des Ausgangsmateriales erheblich überschreiten.

Da man nicht weiß, ob die zurückgebliebenen Lignine im Molekül dieselbe Anzahl Methylgruppen enthalten wie der gelöste Teil, so läßt sich auf den absoluten Ligningehalt ein bestimmter Schluß nicht ziehen, solange über die Konstitution dieser Verbindungen nicht völlige Klarheit herrscht.

Es haben aber J. König und Fr. Hühn durch den Vergleich der obigen Tabellen mit den von ihnen gefundenen Methylzahlen des Ausgangsmateriales Zahlen:

Eichenrinde	20,76	Sulfitcellulose der Zellstofffabrik Wald-	
Eichenholz	28,83	hof, ungebleicht	4,99
Tannenholz	24,53	Desgl. gebleicht	1,97
Sulfitcellulose	26,34	Baumwolle	0,70
		Jute	23,34

berechnet, die wenigstens annähernd Aufschluß darüber zu geben vermögen, wieviel Prozent der ursprünglich vorhandenen Ligninmengen durch die Cellulosebestimmungsverfahren entfernt worden sind.

Gelöste Ligninmengen in Prozenten der Gesamt-Ligninmenge:

Art des Rückstandes	Eichenrinde	Eichenholz	Tannenholz	Jute
	%	%	%	%
Weender-Rohfaser	25,63	30,77	11,41	43,99
Rohfaser nach König	44,46	68,37	34,57	85,56
Cellulose nach Tollens	96,29	97,71	95,80	93,99
„ „ König	95,57	96,88	95,31	95,38
Durch direkte Behandlung mit $H_2O_2 + NH_3$	27,36	36,39	16,18	16,18
Cellulose nach Croß und Bevan	66,81	92,06	79,70	90,59
„ „ Fr. Schulze	30,44	75,27	69,55	73,82
„ „ H. Müller	—	89,04	84,51	—

Die wechselnden Zahlen zeigen, daß die lediglich auf Oxydation beruhenden Verfahren nicht imstande sind, die teilweise sehr widerstandsfähigen Lignine von der Cellulose zu trennen, sondern daß nur durch Anwendung solcher Verfahren, die sich einer Kombination von Hydrolyse und Oxydation bedienen, eine durchgreifende praktisch vollständige Reinigung der Cellulose von ihrer Begleitsubstanz zu erreichen ist.

J. König und Fr. Hühn kommen auf Grund ihrer Untersuchnngen zu der Annahme, daß, wie neben der wahren Cellulose die Hemicellulosen in mehr oder minder beträchtlicher Menge vorhanden sind, so auch neben den wahren Ligninen Hemilignine vorkommen, welche die Ligninreaktion leicht und deutlich geben, während die wahren Lignine auf diese Weise kaum oder gar nicht nachgewiesen werden können. Das zeigten am schlagendsten die Rohfasern nach J. König, in denen bis zu 65 % der Lignine des Ausgangsmateriales zurückgeblieben waren, die aber dennoch kaum eine einzige der nachgeprüften Liginreaktionen erkennen ließen.

Die von J. König und Fr. Hühn ausgeführten Pentosanbestimmungen ergaben, daß Pentosane in Baumwolle, Flachs und Hanf nur in geringer Menge enthalten sind, reichlich dagegen in den übrigen untersuchten Materialien. Es möge hier angeführt werden, inwieweit es mit Hilfe der nachgeprüften Cellulosebestimmungsverfahren gelungen bezw. nicht gelungen war, die Pentosane zu entfernen. Der Prozentgehalt der Rückstände an Pentosanen war folgender:

Art des Rückstandes	Buchen-rinde	Eichen-rinde	Tannen-rinde	Buchen-holz	Eichen-holz	Tannen-holz	Jute
	%	%	%	%	%	%	%
Weender-Rohfaser	20,48	16,30	10,27	20,46	11,61	8,95	10,58
Rohfaser nach König . .	2,59	1,39	1,38	1,40	1,37	0,62	0,51
Cellulose nach Tollens .	19,86	16,79	8,99	17,17	7,03	4,20	5,67
„ „ König . .	4,07	2,50	1,92	1,81	1,80	0,93	0,59
Nach direkter Behandlung mit $H_2O_2 + NH_3$	25,65	19,59	18,73	20,63	19,80	11,69	16,53
Cellulose n. Croß u. Bevan	32,33	22,38	15,33	25,98	22,75	10,00	14,42
„ „ Fr. Schulze .	23,57	16,87	11,38	20,71	16,41	6,74	9,23
„ „ H. Müller . .	—	—	—	30,22	24,94	9,19	—

Diese Zahlen zeigen, daß absolut pentosanfreie Präparate zwar nicht erhalten wurden, daß aber sowohl in den Rohfasern wie in den Cellulosepräparaten nach dem Verfahren von J. König nur sehr geringe Mengen der ursprünglich vorhandenen Pentosane zurückgeblieben waren, während sämtliche übrigen Verfahren, namentlich die ausschließlich auf Oxydation beruhenden, den Pentosanen gegenüber nicht oder nur sehr unvollständig den erwünschten Erfolg gehabt hatten. Auch die nach dem Verfahren von B. Tollens erhaltenen Rückstände enthielten noch recht beträchtliche Mengen von Pentosanen, was offenbar auf die unzureichende Form der Hydrolyse mittels des Weender-Verfahrens zurückzuführen ist.

Zur weiteren Beurteilung der Cellulosebestimmungsverfahren wurden Polarisationsversuche mit den Lösungen dazu geeigneter Rückstände angestellt. Dieser bis dahin wenig beschrittene Weg läßt zwar ein einwandfreies Urteil über Cellulosepräparate nicht zu, hat aber zu teilweise ganz neuen, sehr beachtenswerten Ergebnissen geführt, die zu einer vergleichenden Beurteilung der polarimetrisch untersuchten Cellulosematerialien geradezu herausforderten.

Die wahre Cellulose hat die Eigenschaft, daß sie sich in Zinkchlorid-Salzsäure klar und ohne Verfärbung löst. Die Lösung ist anfangs kolloidal und optisch inaktiv, bald aber läßt sich eine zunehmende Rechtsdrehung beobachten, die darauf zurückzuführen ist, daß infolge der hydrolysierenden Wirkung des Lösungsmittels krystalloid gelöste dextrinartige Abbauprodukte entstehen. Die Höhe des erreichten Drehungswinkels scheint von dem Grade der Reinheit der Cellulose abhängig zu sein, denn sie wird von den neben der wahren Cellulose vorkommenden Hemicellulosen stark beeinflußt, d. h. verringert. Außerdem werden Hemicellulosen durch das Zinkchlorid-Salzsäuregemisch rasch humifiziert, wodurch die Lösung bräunlich gefärbt und trübe und die Beobachtung des Drehungswinkels erschwert bezw. unmöglich gemacht wird. Auch bei diesen Polarisationsversuchen[1] hat es sich herausgestellt, daß die Verfahren von J. König und Tollens-Dmochowski die reinsten Cellulosen ergeben, insofern als bei diesen der höchste Drehungsgrad beobachtet wurde, während die nur auf Oxydation beruhenden Verfahren in bezug auf den von ihnen erreichten höchsten Drehungswinkel vergleichsweise wenig befriedigten.

Eine tatsächliche Aufklärung über das Wesen der Lignine war also trotz jahrzehntelanger eifrigster Bemühungen noch nicht möglich gewesen, da es nicht gelungen war, die Lignine zu isolieren, ihre mutmaßliche Zusammmensetzung vielmehr stets nur aus den Gewichtsunterschieden der anderen in der Rohfaser bestimmten Bestandteile indirekt berechnet werden mußte.

In jüngster Zeit indes gelang es J. König in Gemeinschaft mit M. Braun[2], das Lignin aus Holz und Hanf zu isolieren. Sie behandelten nach dem Vorschlage von Ost und Wilkening[3] Hanf, Buchen- und Tannenholz nach vorausgegangenem Ausziehen mit Wasser, Alkohol und Benzol, mit 72%-iger Schwefelsäure und konnten dadurch die wahre Cellulose und die Hemicellulose lösen, während die Lignine ungelöst zurückblieben. Nach der Verdünnung der konzentrierten Säure mit Wasser zeigte sich eine helle, klare Lösung und ein schwarzbräunlicher Rückstand, der unter dem Mikroskope klar die Struktur der ursprünglichen Zellmembran zeigte. Die erhaltenen Mengen auf Trockensubstanz berechnet waren: Buchenholz 11,93%, Tannenholz 18,49% und Hanf 2,93%.

Die anfangs klaren Filtrate wurden aber allmählich besonders bei dem Buchenholz durch Oxydation infolge Luftzutritts gelb bis dunkel gefärbt. Durch Zusatz von Salzsäure schieden sich braune Flocken aus, die noch voluminöser wurden, wenn zum Auswaschen der Rückstände statt des Wassers Ammoniak verwendet wurde.

Unter Verwertung dieser Beobachtungen wurden die Lignine bei 100° C 24 Stunden mit 5—6% Ammoniak in fest verschlossenen Flaschen erhitzt. Dabei zeigte wiederum besonders das Buchenlignin eine dunkle Lösung, aus der beim Neutralisieren mit Schwefelsäure ein dickflockiger Niederschlag ausfiel, der nach dem Trocknen ein braunes Pulver darstellte.

J. König und M. Braun vermuten im Buchenlignin mindestens zwei Stoffe, von denen der eine nach der Oxydation durch Luftsauerstoff in Wasser, noch leichter in Ammoniak löslich ist, der andere dagegen diese Eigenschaften nicht hat.

Die ausgewaschenen Rückstände ergaben gegenüber den angewendeten Stoffen, auf asche- und wasserfreie Substanz berechnet, folgende Elementarzusammensetzungen und Methylzahlen:

---

[1] Genauere Zahlen und Kurvenbilder siehe Inaug.-Diss. von Fr. Hühn, S. 55—60.
[2] M. Braun, Die technische Gewinnung von Cellulose aus Holz mit besonderer Berücksichtigung der Ablaugenverwertung. Inaug.-Diss. Münster i. W. 1913.
[3] Chem. Zeitung 1910, 52, 461.

Bestandteile	Buchenholz			Tannenholz			Hanf	
	ursprüng-liches Holz	Lignin-Rück-stand	Aus-gezogene Säure	ursprüng-liches Holz	Lignin nicht extrahiert	Lignin extrahiert	ur-sprüng-liche Faser	Lignin bzw. Pektin
	%	%	%	%	%	%	%	%
Kohlenstoff	47,82	62,08	59,76	49,85	64,86	63,01	44,06	56,62
Wasserstoff	5,85	4,97	4,19	5,75	4,86	5,25	6,27	5,81
Methylzahl	31,58	84,25	—	24,83	79,60	54,92	4,11	34,88

Das isolierte Lignin löste sich z. T. in Alkali und Ammoniak und ließ sich durch Wasserstoffsuperoxyd und Ammoniak oder durch Javelle-Lauge vollständig oxydieren.

Daß die bisherigen Vermutungen über das Wesen der Lignine und die durch indirekte Bestimmung erhaltenen Ergebnisse für den Kohlenstoffgehalt (55—66 %) der Wirklichkeit nahe kommen, zeigen die vorstehenden durch direkte Bestimmungen gefundenen Zahlen.

Während Erdmann[1]) die inkrustierenden Substanzen als eine chemische Verbindung ansah, spätere Forscher dagegen in ihnen mehrere Körper, zum mindesten zwei annahmen, ist jetzt wenigstens für Holz zum ersten Male der direkte Beweis erbracht, daß erstens die Nichtcellulosen keine chemisch einheitliche Substanz, sondern ein Gemisch mehrerer Stoffe sind, und daß zweitens die Cellulose mit dem Lignin keine Verbindung bildet, sondern mit ihm nur innig ver- und durchwachsen ist. Anderenfalls hätte mit dem Zerfall dieser mutmaßlichen Verbindung auch die Struktur der Zellsubstanz zerstört sein müssen.

J. König vergleicht diese Durchwachsung mit der innigen Durchwachsung des Leimes und des Kalkphosphates in den Knochen oder der Cellulose mit der Kieselsäure in der Zellmembran der Gramineen. Auch der schon 1877 von R. Sachsse gewählte Vergleich mit einer Legierung von Metallen muß als glücklich gewählt und das Richtige treffend bezeichnet werden.

Die letzte Behauptung J. König's, die sich allerdings mit vielen älteren Anschauungen deckt, wird wohl manchen Anfechtungen ausgesetzt sein. Denn auch von anderer Seite sind über die Formelelemente der Zellmembran, ihre Bestimmung und Konstitution vielseitige und umfangreiche Untersuchungen ausgeführt, die z. T. zu anderen und vor allem von letzterer Ansicht abweichenden Ergebnissen führten. Besonders haben sich C. F. Croß, E. J. Bevan und C. Beadle[2]) schon seit dem Jahre 1880 mit diesem Gegenstand beschäftigt.

Sie gaben der Cellulose nicht die Konstitution einer Polyaldose, sondern die einer Polyketose und teilten die Fasersubstanz der Pflanzen in vier Gruppen:

Cellulose α	Cellulose β	Complex $C_{13}H_{16}O_6$	Keto-R-Hexenderivat
60—65 %	20—15 %	18—22 %	7—9 %

Cellulose: $3\,C_6H_{10}O_5 \cdot H_2O$

Nichtcellulose oder Lignon: $C_{19}H_{22}O_6$

---

[1]) Erdmann, Annal. der Chemie Suppl. 5, 223.
[2]) Berichte d. deutsch. chem. Gesellsch. 1893, 26, 2520.

Aus den cellulosenartigen Bestandteilen isolierten sie zwei Arten von Cellulose. Die Jutecellulose, von der Zusammensetzung einer Oxycellulose, hatte den niederen Kohlenstoffgehalt von 43 % und ihre Reaktionen zeigten das Vorhandensein von ketonartig gebundenem Sauerstoff an. Nach Lösen dieser Oxycellúlose in einem Reagens, gewonnen durch Sättigen einer wässerigen Schwefelsäure mit Chlorgas, erhielten sie durch Destillation Furfurol in größeren Mengen, nämlich 6,0—14,5 %.

Strohcellulose lieferte	14,5 %	Furfurol
Holzcellulose „	6,5 %	„
Jutecellulose (Cl-Methode) lieferte . .	6,0 %	„
Jutecellulose (HNO_3-Methode) „ . .	6,0 %	„

Dieser Entstehung von Furfurol steht Czapek[1]) ziemlich zurückhaltend gegenüber, weil schon angenommen werden müßte, daß der Bildung von Furfurol eine Oxydation von Hexosen zu Pentosen voraufginge.

Auch ist von J. König und Fr. Hühn (l. c.) gezeigt worden, daß Oxycellulose als Hexosenderivat kein Furfurol liefert.

Die Cellulosen von Croß und Bevan waren durch Chlorierung oder Bromierung der Jutefaser gewonnen; sie erhielten durch einmalige Behandlung mit Chlor eine glänzend weiße Cellulose, welche die äußeren Eigenschaften der ursprünglichen Faser beibehalten hatte, in Mengen von 75—80 %, durch 2—3-malige Brombehandlung Mengen von 72—75 %, wobei die Faser stark angegriffen war. Diese geringere Ausbeute sollte von einer nebenherlaufenden Oxydation und Hydrolyse eines Bestandteiles herrühren, den sie β-Cellulose nannten.

Als weitere Darstellungsweisen gaben sie an: Behandlung mit verdünnter Salpetersäure bei 70—80° und ferner eine Digestion mit Lösungen von Bisulfiten bei 130—150°, wobei die Cellulose als eine faserige Masse oder als Brei in Mengen von 60—63 % erhalten wurde. Diese widerstandsfähigere Cellulose nannten sie α-Cellulose, den Rest bis zur Gesamtmenge die β-Cellulose.

Ein wichtiges Unterscheidungsmerkmal bildete die Anwesenheit von Methoxylgruppen in der β-Cellulose. Dieselbe hatte einen Kohlenstoffgehalt von 44,44 %.

Die Furfurolbestimmungen der Faser und ihrer Derivate nach Tollens ergaben, daß die nach gewöhnlicher Methode gewonnene Cellulose eine nur minimale Ausbeute lieferte, während die Faser beträchtliche Mengen ergab.

Rohe Faser . . . . . = 9,20 %
Vorher chlorierte Faser = 9,60 %

Daraus schlossen Croß und Bevan, daß bei der Hydrolyse mit Chlorwasserstoffsäure aus der Cellulose nur Spuren von Furfurol entständen, und daß die hohen Zahlen der Fasern den nicht celluloseartigen Bestandteilen zuzuschreiben seien.

Die Methoxylbestimmungen der reinen Faser ergaben OCH_3 = 4,5 und 4,6 %, zum Teil aus der Cellulose stammend, für die sich, nach der Chlormethode gewonnen, 1,2 % OCH_3 ergab. Mithin lieferten die 80 % Cellulose 0,96 OCH_3 und die Nichtcellulose den Rest 3,6 %.

Die der Cellulose gegenüberstehende Nichtcellulose hießen sie Lignon und gaben ihr auf Grund ihrer Versuche über Chlorierung und Oxydation mittels Chromsäure die Formel $C_{19}H_{22}O_9$ (57,8 % C), die sie in eine Keto-R-Hexengruppe $C_6H_6O_3$ und

---

[1]) Czapek, Biochemie der Pflanze. Jena 1905, 527.

den empirischen Rest $C_{13}H_{16}O_6$ auflösten. Diesen zerlegten sie in $2\,OCH_3 + C_{11}H_{10}O_4$, den Furfurol liefernden Komplex.

Aus letzterem Komplex spalteten Croß und Bevan bei der Hydrolyse 50 % seines Gewichtes an Furfurol ab und kommen zu dem Schluß, daß die Methylgruppen an den Komplex $C_9H_{10}O_4$ gebunden seien. Darnach gäbe ihre Jutelignonformel das Bild

$$C_{17}H_{16}O_7 \cdot 2\,(OCH_3)$$

und sei zu vergleichen mit der Holzligninformel von Lindsey und Tollens[1] $C_{24}H_{24}O_{10} \cdot 2\,(OCH_3)$, welche diese bei Bearbeitung der löslichen Nebenprodukte des Bisulfitprozesses zur Darstellung von Cellulose aus Fichtenholz aufstellten.

Bis in die neueste Zeit nahm man allgemein an, daß die verholzten Gewebe und Fasern Gemenge von Cellulose und Nichtcellulose oder Ligninverbindungen seien, wodurch ein genetischer Zusammenhang bestehe. Dieser Ansicht sind auf Grund ihrer Untersuchungen zuerst Croß und Bevan entgegengetreten. Sie nehmen an, daß es verschiedenartig zusammengesetzte Cellulosen, z. B. Baumwoll-, Jute- und Strohcellulose gibt, die sich untereinander durch die Art der Begleitstoffe unterscheiden.

Francis J. G. Beltzer und Jules Persoz[2] sowie mit ihnen Hoppe-Seyler und G. Schwalbe[3] unterscheiden einfache (z. B. Baumwollcellulose) und zusammengesetzte Cellulosen, d. h. Verbindungen von wahrer Cellulose mit säureartigen Resten in Form von Estern. Sie teilen daher die Cellulosen der Pflanzen in folgende fünf Gruppen:

1. Lignocellulosen, Verbindungen von Cellulose mit Lignonen bezw. Ligninsäuren, z. B. Jute, Holz und Stroh,
2. Pektocellulosen, Verbindungen von Cellulose mit Pektinstoffen, z. B. in Flachs, Neuseeländer Flachs (Phormium tenax), Hanf, Ramie, Espartogras,
3. Mucocellulosen, Verbindungen von Cellulosen mit Schleimstoffen, z. B. in Algen, Flechten, Obstfrüchten, Wurzelgewächsen, Quitte, Salep und verschiedenen Hülsenfrüchten,
4. Adipo-(Kork-)Cellulosen, Verbindungen von Cellulose mit Phellonsäure $(C_{22}H_{43}O_3)$ und anderen Säuren, z. B. im Kork,
5. Cutocellulosen, Verbindungen von Cellulose mit Stearocutinsäure $(C_{28}H_{48}O_4)$ und Oleocutinsäure $(C_{15}H_{20}O_4)$, z. B. in Abfällen von Flachs, sowie in der Epidermis der Blätter und Stengel.

II. Teil.

Neue experimentelle Untersuchungen.

Wie einleuchtend auch vorstehende Einteilung vom systematischen Gesichtspunkte aus erscheinen mag, so lag es doch, nachdem J. König und M. Braun[4]

---

[1] Ann. d. Chem. 1892, **267**, 34.

[2] Beltzer u. Persoz: Les matières cellulosiques. Paris et Liège 1911, 15.

[3] C. G. Schwalbe: Die Chemie d. Cellulose, Berlin I. Teil 1910; II. Teil 1912.

[4] M. Braun: Die technische Gewinnung von Cellulose aus Holz mit besonderer Berücksichtigung der Ablaugenverwertung. Dissertation Münster i. W. 1913.

aus Holz und Hanf das Lignin direkt als solches abgeschieden hatten, nahe, dasselbe auch aus anderen Pflanzen und Pflanzenteilen zu gewinnen und gleichzeitig ein Verfahren ausfindig zu machen, welches die direkte Bestimmung des Lignins und Cutins in der Analyse der Futter- und Nahrungsmittel ermöglicht.

Zu diesem Zwecke wählten wir nach der bisherigen Einteilung als Vertreter der

1. Lignocellulosen: Tannen- und Buchenholz, Weizenstroh, Gras und Klee in den verschiedenen Altersstufen, Roggen-, Gersten- und Weizenkleie.

2. Pektocellulosen: Flachs, Neuseeländer Flachs (Phormium tenax).

3. Mucocellulosen: Rübenmark, Äpfelschalen und Isländisches Moos.

4. Adipocellulosen: Buchen- und Tannenrinde.

5. Cutocellulosen: Kartoffelschalen.

1. Allgemeine Zusammensetzung der angewendeten Stoffe.

Die Ausgangsstoffe, deren Zellmembranteile näher zerlegt werden sollten, wurden zunächst nach bekannten Verfahren auf ihre allgemeine chemische Zusammensetzung untersucht; sie wurde wie folgt gefunden:

Allgemeine Zusammensetzung der Ausgangsstoffe.

No.	Bezeichnung	In der lufttrockenen Substanz							In der wasser- und asche-freien Substanz				
		Wasser	Roh-Protein (N × 6,25)	Fett (Äther-auszug)	Pento-sane	Sonstige N.-freie Extrakt-stoffe	Roh-faser	Asche	Roh-Protein (N × 6,25)	Fett (Äther-auszug)	Pento-sane	Sonstige N.-freie Extrakt-stoffe	Roh-faser
		%	%	%	%	%	%	%	%	%	%	%	%
1.	Weizenkleie . . .	12,30	15,39	3,25	18,94	34,12	11,18	5,82	18,80	3,97	23,13	40,45	13,65
2.	Roggenkleie . . .	12,88	15,90	3,33	20,22	34,23	8,17	5,27	19,43	4,07	24,70	41,82	9,98
3.	Gerstenkleie . . .	11,50	10,71	2,17	19,66	36,32	15,26	4,38	12,73	2,58	23,37	43,18	18,14
4.	Tannenholz . . .	9,81	0,75	0,14	11,54	28,05	49,38	0,33	0,83	0,16	12,84	31.22	54,95
5.	Buchenholz . . .	8,32	2,69	0,08	26,04	23,18	39,57	0,20	2,94	0,09	28,46	25,26	43,25
6.	Weizenstroh . . .	5,34	3,22	1,58	23,46	23,35	37,23	5,82	3,62	1,78	26,41	26,28	41,91
7.	Gras, jung . . .	12,18	17,23	3,27	12,33	35,11	12,43	7,45	21,44	4,07	15,34	43,68	15,47
8.	„ vor der Blüte	11,01	14,16	4,12	16,21	23,68	22,63	8,19	17,52	5,10	20,06	29,31	28,01
9.	„ in der Blüte .	11,82	14,52	3,46	16,73	19,18	26,88	7,41	17,98	4,28	20,71	23,75	33,28
10.	Klee vor der Blüte	10,00	23,92	4,41	11,02	8,29	13,89	8,47	29,44	5,43	13,56	34,48	17,09
11.	„ in der Blüte .	10,66	20,09	2,36	12,39	25,17	18,34	10,99	25,64	3,01	15,81	32,13	23,41
12.	Flachs	6,78	1,96	0,50	4,48	18,04	67,38	0,86	2,12	0,54	4,85	19,54	72,95
13.	Hanf	5,36	1,72	0,48	3,67	17,37	70,81	0,59	1,83	0,51	3,90	18,47	75,29
14.	Neuseeländer Flachs	8,16	1,29	0,96	25,88	15,60	47,17	0,94	1,42	1,06	28,47	17,16	51,89
15.	Rübenmark . . .	44,40	7,23	0,49	13,95	17,53	14,73	1,67	13,41	0,91	25,87	32,68	27,13
16.	Apfelschalen . . .	19,79	3,34	4,90	8,63	46,02	14,63	2,69	4,31	6,32	11,13	59,37	18,87
17.	Isländisches Moos .	10,18	4,31	1,51	4,68	75,08	4,03	1,21	4,86	1,70	5.28	83,61	4,55
18.	Tannenrinde . . .	10,43	3,33	0,10	14,65	23,76	41,96	5,77	3,98	0,12	17,52	28,19	50,19
19.	Buchenrinde . . .	7,94	3,68	0,13	21,32	23,96	34,20	8,84	4,42	0,16	25,62	27,71	41,09
20.	Kartoffelschalen . .	7,77	11,47	2,65	7,86	28,89	32,33	9,03	13,79	3,19	9,45	34,70	38,87

Bei allen untersuchten Stoffen finden sich Pentosane in ziemlich beträchtlicher Menge, mit Ausnahme von Isländischem Moos und den Gespinstfasern Flachs und Hanf. Diesen gegenüber fällt der hohe Pentosangehalt der nicht einheimischen Gespinstfaser, des Neuseeländer Flachses, auf, und infolgedessen der niedrige Gehalt an Rohfaser und Cellulose. Bei diesem Neuseeländer Flachs sind nicht die Fasern einheimischer Gewächshauspflanzen, sondern die im Ursprungslande aus getrockneten Blättern isolierten Fasern, denen z. T. noch Stücke der Cuticula anhingen und die stattliche Länge von ungefähr 3 m hatten, zur Untersuchung gelangt; zum Vergleich damit ferner frische, importierte Pflanzen aus Neuseeland, die uns in dankenswerter Weise durch die Firma R u m p & L e h n e r s in Hannover, nach monatelangen Bemühungen direkt besorgt wurden. Die über 3 m langen Blätter hatten trotz der langen Seereise bei ihrer Ankunft noch eine fast grüne Farbe, waren nur wenig angetrocknet und außerordentlich zähe und fest. Die Untersuchungsergebnisse an beiden Materialien waren dieselben. Der niedrige Fettgehalt von 1,06 % in der aschefreien Trockensubstanz stellt den Ätherauszug der mit kaltem und heißem Wasser und mit Benzol-Alkohol ausgezogenen vorbehandelten Faser dar.

Es seien hier daher der besseren Übersicht halber die auf wasser- und aschefreie Substanz berechneten Werte des nicht ausgezogenen ursprünglichen Neuseeländer-Flachses zusammengestellt, nämlich:

Roh-Protein	Pentosane	Benz.-Alc.-Harz	Rohfaser	Cellulose	Lignine	Cutin	Dämpfung mit 5 % Ammoniak 2 Stunden
%	%	%	%	%	%	%	%
1,78	24,91	3,04	46,38	40,75	4,13	1,50	15,34

Während unseren einheimischen Gespinstpflanzen, Flachs und Hanf, die ja bekanntlich in erster Linie zur Gewebe- und z. T. auch der Papierfabrikation dienen, in der wasser- und aschefreien Substanz Rohfaserzahlen von 72,95 und 75,29 % und infolgedessen Cellulosenzahlen von 61,47 und 70,55 % zeigen, hat der Neuseeländer Flachs nur 51,89 % Rohfaser und 45,83 % Cellulose. Die bedeutenden Pentosanmengen nähern sich denen der Holzarten. Was aber den Neuseeländer Flachs wertvoll macht, ist die außergewöhnlich hohe Festigkeit und Zähigkeit seiner Faser, bedingt durch den bedeutenden Gehalt an harzigen Substanzen, welche seine maschinelle Verarbeitung zu feineren Geweben unmöglich machen, weshalb die Faser bislang nur zu starken Tauen und Teppichen verwendet werden konnte. Mit den harzigen Massen nimmt man der Faser auch ihre Festigkeit, denn bei der daraus nach einem neuen patentierten Verfahren von J. K ö n i g hergestellten schneeweißen Cellulose wurde die Faser locker und brüchig.

Die vorstehenden Gehaltswerte geben uns nur einen rohen Einblick in die wirkliche Zusammensetzung der Pflanzenstoffe und ihre Unterschiede. Denn wenn schon unter den aufgeführten Bestandteilen die Gruppen der Proteine und Fette nicht einheitlich sind, sondern recht verschiedene Stoffe einschließen, so gilt dies erst recht für die Gruppe der „Rohfaser" und im Zusammenhange damit der stickstofffreien Extraktstoffe (d. h. der Differenz zwischen der Summe der genannten Stoffe von 100). Indes ist die Bestimmung der Proteine, Fette und besonders der Pentosane schärfer begrenzt als die der stickstofffreien Extraktstoffe und der Rohfaser, ganz abgesehen davon, daß die der stickstofffreien Extraktstoffe, als aus der Differenz berechnet, alle Fehler in sich vereinigt, welche mit der Bestimmung der anderen Stoffgruppen verbunden sind.

Unter „Rohfaser" versteht man allgemein den in verdünnten Säuren und verdünnten Alkalien oder ähnlichen Aufschließungsmitteln unlöslichen Rückstand der Zellmembran. Je nach der Art der Behandlung, der man die Ausgangsstoffe unterwirft, um die Rohfaser zu gewinnen, wird diese nicht nur in verschiedenen Mengen, sondern auch in verschiedener Zusammensetzung erhalten. Es gibt zwar eine ganze Menge Bestimmungsverfahren, die beanspruchen, eine reine Cellulose zu liefern, durchweg Verfahren, die vorwiegend auf einer Oxydation der betreffenden Materialien beruhen. Nach den bekanntesten dieser Verfahren (Franz Schulze, H. Müller, Croß und Bevan) erhält man auch weiße Rückstände, bei denen die üblichen Ligninreaktionen ausbleiben.

Es ist aber von J. König und Fr. Hühn[1]) nachgewiesen, daß diese weißen Rückstände keineswegs als reine Cellulose bezeichnet werden können, weil sie stets noch mehr oder weniger große Mengen von Hemicellulosen und Pentosanen enthalten.

Den genannten Oxydationsverfahren stehen gegenüber die auf einer Hydrolyse beruhenden; sie sind zwar sehr zahlreich (vergl. Renker[2]) oder König und Hühn), es finden aber nur zwei von ihnen eine allgemeine Anwendung, nämlich das Weender-Rohfaserverfahren (je $1/2$-stündiges Kochen der Substanzen mit $1\,1/4\,\%$-iger Schwefelsäure und $1\,1/4\,\%$-iger Kalilauge) und das Glycerinschwefelsäureverfahren von J. König. Diese Verfahren unterscheiden sich in ihrer Wirkung auf die Ausgangsstoffe von den Oxydationsverfahren grundsätzlich dadurch, daß sie die Lignine nur soweit entfernen, als diese der Hydrolyse (und bei dem Weender Verfahren der Lösung durch Alkali) zugänglich sind. Sie hinterlassen infolgedessen in den meisten Fällen stark braun gefärbte Rückstände, die ihrem Äußern nach weit eher den Namen „Rohfaser" zu verdienen scheinen, als jene „weißen" Oxydationsrückstände. Sie sind jedoch nicht unreiner als die letzteren, nur sind es, wie namentlich aus den Arbeiten von J. König und Fr. Hühn (l. c.) hervorgeht, andere Stoffe, die hier die Cellulose begleiten.

Nach den Untersuchungen von E. Schulze[3]), B. Tollens[4]) und Mitarbeitern, O. Kellner[5]) und anderen, enthält die Weender-Rohfaser, wie aus ihrem Pentosangehalt hervorgeht, noch bedeutende Mengen Hemicellulosen, während die König'-sche Rohfaser von Hemicellulosen frei oder doch fast frei ist, aber dafür eine entsprechende Menge Lignin, das durch die Kalilauge nach dem Weender-Verfahren gelöst wird, mehr enthält.

Wie verschieden aber selbst die nach ein und demselben (hier dem König'schen) Verfahren gewonnenen Rohfasern aus verschiedenen Pflanzenstoffen ausfallen, möge folgende Tabelle über die äußere Beschaffenheit, das Verhalten gegen bestimmte Reagenzien und die mikroskopische Untersuchung der Rohfasern zeigen.

---

[1]) J. König u. Fr. Hühn: Die Bestimmung d. Cellulose in Holzarten u. Gespinstfasern Berlin 1911.

[2]) Renker: Bestimmungsmethoden d. Cellulose. 2. Aufl. 41.

[3]) Zeitschr. physiol. Chem. 1892, **16**, 430 u. 433.

[4]) Journ. f. Landw. 1905, **53**, 13 u. 1901 **49**, 11.

[5]) Zeitschr. f. Nahrungs- u. Genußmittel 1899, **2**, 784.

1. Rohfasern.

No.	Rohfaser aus	Äußere Beschaffenheit	Jod und Schwefelsäure	Anilinsulfat — Für das bloße Auge	Anilinsulfat — Im Mikroskop	p-Nitranilin — Für das bloße Auge	p-Nitranilin — Im Mikroskop	Mikroskopisches Bild in — Glycerin oder Wasser	Mikroskopisches Bild in — Jod und Schwefelsäure
1	Weizenkleie	kaffeebraun	blau, gelb und violett	unverändert	Veränderung nicht erkennbar	z. T. blaß rötlich	wird dunkler	gelblich, Struktur sehr deutlich	blau und gelb, Struktur sehr deutlich
2	Roggenkleie	hellbraun	„ „ „	„	„	„	braunrot	gelblich, Struktur sehr deutlich	blau ohne Struktur, gelb Struktur sehr deutlich
3	Gerstenkleie	graubraun	„ „ „	„	wird dunkler	unverändert	gelb rötlich	schwach gelblich, Struktur sehr deutlich	blau ohne Struktur, gelb Struktur sehr deutlich
4	Weizenstroh	hellbraun	blau und dunkelgelb	„	z. T. gelbgrün	„	z. T. rotbraun	schwach gelblich, Struktur sehr deutlich	blau ohne Struktur, gelb Struktur erkennbar
5	Gras, jung	grau grünlich	blau, gelb und violett	„	gelbgrün	„	gelblich rot	blaß grünlich, Struktur sehr deutlich	blau ohne Struktur, gelb Struktur deutlich
6	Gras, vor der Blüte	blaß grünlich	„ „ „	„	„	„	z. T. rotbraun	blaß grünlich, Struktur deutlich	blau ohne Struktur, gelb Struktur unklar
7	„ in „ „	grau grünlich	„ „ „	„	„	„	„ „	blaß grünlich, Struktur erkennbar	blau ohne Struktur, gelb Struktur erkennbar
8	Klee, vor „ „	„ „	„ „ „	„	z. T. gelbgrün	„	„ „	blaß grünlich, Struktur deutlich	blau ohne Struktur gelb Struktur deutlich
9	„ in „ „	„ grün	„ „ „	„	„	„	„ „	blaß grünlich, Struktur deutlich	blau ohne Struktur, gelb Struktur erkennbar
10	Rübenmark	dunkelgrau	„ dunkelgelb	„	Veränderung nicht erkennbar	„	unverändert	schwach gelblich ohne Struktur	blau ohne Struktur, gelb ohne Struktur
11	Apfelschalen	kaffeebraun	„ gelb und violett	„	„	„	rotbraun	gelb rötlich, Struktur undeutlich	blau und gelb, Struktur undeutlich
12	Isländisches Moos	braunschwarz	blauschwarz und dunkelgelb	„	„	„	hellere Stücke rotbraun	dunkel, Struktur nicht erkennbar	tiefblau und schwarz, ohne Struktur
13	Tannenrinde	dunkelrotbraun	„ „	„	„	-	Veränderung nicht erkennbar	schwach bräunlich rot, Struktur undeutlich	tiefblau und gelb, Struktur undeutlich
14	Buchenrinde	rötlich braun	„ „	„	„	„	„	bräunlich rot, Struktur undeutlich	tiefblau und gelb, Struktur undeutlich
15	Kartoffelschalen	hellbraun	blau, gelb und violett	„	„	„	„	gelb rötlich, Struktur deutlich	tiefblau ohne Struktur, gelb Struktur erkennbar

2. Mit Wasser, Alkohol und Benzol ausgezogene Substanzen.

No.	Rohfaser aus	Äußere Beschaffenheit	Jod und Schwefelsäure	Anilinsulfat		p-Nitranilin		Mikroskopisches Bild in — Glycerin oder Wasser	Mikroskopisches Bild in — Jod und Schwefelsäure
16	Tannenholz	hellgelb	tiefblau und gelb	gelb		feuerrot		schwach gelblich, Struktur sehr deutlich	tiefblau ohne Struktur, gelb Struktur sehr deutlich
17	Buchenholz	hellbraun	„ „	„		rot		farblos, Struktur deutlich	blau ohne Struktur, gelb Struktur erkennbar
18	Flachs	mittelgrau	„ „	gelblich		z. T. rot		„ „ undeutlich	blau ohne Struktur, gelb Struktur undeutlich
19	Hanf	hellgrau	„ „	„		„ „		„ „ „	blau ohne Struktur, gelb Struktur undeutlich
20	Neuseeländ. Flachs	bräunlich gelb	„ „	gelb		rot		gelb, Struktur deutlich	blau ohne Struktur, gelb Struktur deutlich

Infolge des höheren Ligningehaltes blieben bei der König'schen Rohfaser auch die Ligninreaktionen für das bloße Auge verdeckt, namentlich bei Anwendung von Jod und Schwefelsäure, wobei sich neben dem dunklen Blau der Cellulose Mischfarben von gelb bis violett zeigten.

Anilinsulfat und p-Nitranilin gegenüber blieben fast alle Rohfasern für das unbewaffnete Auge unverändert, nur diejenigen aus Weizen- und Roggenkleie zeigten eine schwache Rotfärbung, während sich die helleren Holzarten und Gespinstfasern charakteristisch gelb und rot färbten.

Alle Rohfasern zeigten unter dem Mikroskop die mehr oder weniger deutliche bis sehr klare Struktur der ursprünglichen Membran und ließen mit Jod und Schwefelsäure neben dem Blau der Cellulose auch die Gelbfärbung der ligninartigen Bestandteile erkennen.

Auch durch Anilinsulfat und p-Nitranilin wurden unter dem Mikroskop in den meisten Fällen die an und für sich in Wasser oder Glycerin hell erscheinenden Rohfasern dunkel gefärbt, einzelne Stücke färbten sich nach einiger Zeit gelb oder rot, was in der starken Cutinisierung der Membran seine Erklärung finden mag.

Auch dieses allmähliche Einwirken der Reagenzien auf die ligninartigen Verbindungen der Rohfasern ist ein Zeichen, daß, wie noch später weiter begründet werden soll, ihre einzelnen Bestandteile in- und durcheinander gewachsen sind, und daß speziell bei Rohfasern, die reich an dem fett- oder wachsähnlichen Cutin sind, wie Kartoffel- und Äpfelschalen oder die Rindenrohfasern, die Einwirkung nicht vor sich gehen kann.

Wenn hiernach die König'sche Rohfaser verhältnismäßig große und schwankende Mengen Lignin enthält, so hat sie doch den Vorzug vor den Rohfasern nach anderen Bestimmungsverfahren, daß sie von Hemicellulosen bezw. von Pentosanen fast frei ist. Das haben auch die Untersuchungen bei den vorstehenden Stoffen gezeigt. Sie ergaben in der Rohfaser:

Rohfaser aus	Die Rohfaser enthält in der natürlichen Substanz		Pentosane in der Rohfaser	
	Stickstoff %	Pentosane %	in der wasser- und asche- freien Substanz %	in Prozenten der Gesamt- Pentosane %
Weizenkleie	0,14	0,25	0,31	1,43
Roggenkleie	0,07	0,17	0.21	0,90
Gerstenkleie	0,14	0,33	0,39	1,78
Weizenstroh	0,05	0,41	0,46	1,74
Gras, jung	0,08	0,35	0,44	2,87
„ vor der Blüte	0,08	0,57	0,71	3,54
„ in der Blüte	0,06	0,62	0,77	3,72
Klee vor der Blüte	0,10	0,33	0,41	3,04
„ in der Blüte	0,09	0,34	0,50	3,16
Rübenmark	0,08	0,24	0,44	1,70
Apfelschale	0,04	0,23	0,24	2,16
Isländisches Moos	0,05	0	0	0
Buchenrinde	0,10	0,73	0,88	3,44
Tannenrinde	0,08	0,60	0,72	4,11
Kartoffelschale	0,18	0,18	0,22	2,33

In den nach dem Weender-Verfahren bestimmten Rohfasern bleiben nach verschiedenen Untersuchungen (s. oben) von pentosanreichen noch 6—40% der vorhandenen Gesamtpentosane, in der König'schen nach diesen und früheren Untersuchungen nur Spuren bis rund 4% derselben, und das hat den Vorteil, daß die Pentosane, wenn sie auch besonders getrennt in den Futter- und Nahrungsmitteln bestimmt werden, nicht 2-mal zur Berechnung gelangen, nämlich einmal für sich allein und dann noch zum großen Teil auch in der nach einem der anderen Verfahren bestimmten Rohfaser, wodurch dann die stickstofffreien Extraktstoffe, die aus der Differenz berechnet werden (s. oben), entsprechend niedriger ausfallen.

2. Zerlegung der Bestandteile der Rohfaser bezw. der Zellmembran.

Aus den früheren Untersuchungen J. König's und seiner Mitarbeiter geht hervor, daß die Bestandteile der Zellmembran, nachdem der Zellinhalt bezw. Proteine, Fette, lösliche Kohlenhydrate und Stärke entfernt sind, einen verschiedenen Löslichkeitsgrad zeigen, indem nicht nur von den Pentosanen (also Hemicellulosen), sondern auch von den kohlenstoffreicheren Verbindungen (den Ligninen) ein Teil schon durch Wasser unter Druck oder durch hydrolytisch wirkende Enzyme, ein anderer Teil durch 2—3%-ige Säure (auch 2%-ige Glycerinschwefelsäure) gelöst wird, während der größte Teil der Zellmembran (wahre Cellulose, Lignin, Cutin und ein ganz geringer Teil der Pentosane) in verdünnten Säuren und Alkalien unlöslich ist.

J. König[1]) nimmt hiernach drei Löslichkeitsstufen für alle drei Körpergruppen an, nämlich:

Proto-, Hemi-, Ortho-Pentosane,
„   „   „ Cellulose,
„   „   „ Lignine,

wozu sich als wachsartiger, völlig anders beschaffener Stoff, das Cutin, gesellt. Es war daher wichtig, wie sich nach dieser Richtung die vorstehenden Rohfasern der verschiedenen Familien angehörenden Pflanzen verhalten würden.

Die Zerlegung wurde auf verschiedene Weise bewirkt, nämlich durch Oxydation nach J. König, d. h. durch Behandeln mit Wasserstoffsuperoxyd und Ammoniak, durch Behandeln mit 72%-iger Schwefelsäure nach Ost und Wilkening, mit rauchender Salzsäure (spez. Gew. 1,21) nach Willstätter und durch Dämpfen mit 1%-iger Salzsäure bei 7 Atmosphären Druck nach eigenem neuem Verfahren.

a) Trennung der Bestandteile der Rohfaser durch Oxydation.

Die Lignine lassen sich durch schwache Oxydationsmittel von der wahren Cellulose und dem Cutin trennen. J. König[2]) hat für den Zweck eine verdünnte 3%-ige Lösung von Wasserstoffsuperoxyd und 2—3%-igem Ammoniak angegeben, wodurch Cellulose nur schwach und erst nach längerer Zeit angegriffen wird. Dieses Verfahren wurde auch hier angewendet. Die Behandlung mit Wasserstoffsuperoxyd geschah so lange (2—4 Tage), bis die Rohfasern ein weißes Aussehen angenommen hatten und sich zu Boden setzten. Der Rückstand wurde dann zur quantitativen Be-

---

[1]) Zeitschr. f. Untersuchung d. Nahrungs- u. Genußmittel, 1913, **26**, 273.

[2]) Ebendort, 1903, **6**, 769.

stimmung wie ursprüngliche Rohfaser weiter behandelt, d. h. nach Auswaschen getrocknet bis zur Gewichtsbeständigkeit, gewogen, geglüht und wieder gewogen. Die Differenz ergab sodann Orthocellulose und Cutin.

J. König und Mitarbeiter haben schon früher wiederholt nachgewiesen, daß bei vorstehender Oxydation während 3—4-tägiger Behandlung keine wesentlichen Mengen Orthocellulose oxydiert werden.

Wir konnten das wieder durch folgende Versuche bestätigen. So wurden durch 3-tägige Behandlung von reiner Cellulose, Baumwolle und schwedischem Filtrierpapier an Rückstand in Prozenten der Trockensubstanz wieder gefunden:

Reine Cellulose	Baumwolle	Schwed. Filtrierpapier
98,53 %	99,68 %	98,48 %

Ferner wurde Rohfaser von Weizenkleie 2—6 Tage mit Wasserstoffsuperoxyd und Ammoniak in obiger Weise behandelt und als Rückstand (Cellulose und Cutin) gefunden:

Nach 2-tägiger	4-tägiger	6-tägiger Behandlung
7,58 %	7,03 %	6,98 %

Da in der Zeit vom 4. bis zum 6. Tage von der Rohfaser nur mehr 0,05 % oxydiert wurden, haben wir, wie auch früher, das Wasserstoffsuperoxyd unter 4—6-maliger Ergänzung durchschnittlich nur 4 Tage einwirken lassen, bis die Rückstände weiß waren, sich zu Boden setzten und die Flüssigkeit nach weiterem Zusatz von 5 ccm Perhydrol (Merck) nicht mehr schäumte.

Versuche, das Wasserstoffsuperoxyd und Ammoniak durch Javelle'sche Lauge zu ersetzen, lieferten dasselbe Ergebnis wie früher, nämlich daß dadurch die Cellulose leicht angegriffen und kolloidal wurde.

b) Trennung der Bestandteile der Rohfaser durch 72%-ige Schwefelsäure.

Ost und Wilkening[1]) empfehlen zur Lösung und Verzuckerung der wahren (Ortho-) Cellulose 72%-ige Schwefelsäure. Auch wir haben uns dieses Verfahrens zur Trennung der Orthocellulose von dem Lignin und Cutin in den Rohfasern bezw. bei den Holzarten und Gespinstfasern in den mit Wasser und einem Gemisch von Alkohol-Benzol ausgezogenen Stoffen bedient, indem etwa 1,0 Substanz mit 5—10 ccm 72%-iger Schwefelsäure bei Zimmertemperatur so lange behandelt wurde, bis der verbleibende Rückstand unter dem Mikroskop mit Jod + Schwefelsäure keinerlei Blaufärbung mehr zeigte. Dann wurde mit Wasser verdünnt, der Rückstand im Goochtiegel mit Asbestlage abfiltriert, mit heißem Wasser bis zum Verschwinden der Schwefelsäurereaktion ausgewaschen, getrocknet, gewogen, geglüht und wieder gewogen. Die Differenz ergab die Mengen Lignin und Cutin.

Der Rückstand von der Behandlung mit der 72%-igen Schwefelsäure zeigte allgemein eine dunkelbraune bis schwarze Färbung, welche einer Verkohlung der Substanz gleich sah. In Wirklichkeit aber zeigte der Rückstand unter dem Mikroskop noch die Struktur der Zellmembranen, und die schwefelsaure Lösung war nach

---

[1]) Chem.-Ztg. 1910, **34**, 461.

Verdünnen mit Wasser hell und klar, sodaß die dunkle Färbung der Rückstände von dem Lignin und Cutin als solchen herrühren mußte.

Das Cutin wurde in der Weise bestimmt, daß in einer weiteren Probe des Rückstandes von der Behandlung mit 72 %-iger Schwefelsäure das Lignin durch Wasserstoffsuperoxyd und Ammoniak wegoxydiert und der Oxydationsrückstand wie üblich gesammelt und bestimmt wurde. Dieser Rückstand wurde von ersterem abgezogen und so die Menge Lignin erhalten. Andererseits wurde in einigen Proben der Oxydationsrückstand (Cellulose und Cutin) nach a) dem früheren Vorschlage von J. König mit Kupferoxyd-Ammoniak oder Zinkchlorid-Salzsäure behandelt, um die Orthocellulose zu lösen und so das Cutin zu gewinnen. Beide Verfahren lieferten zwar keine gleichen aber doch annähernde Werte.

Beim Vergleich der nach dem Verfahren a) durch Oxydation erhaltenen Menge Lignin mit der nach dem Verfahren b) gefundenen Menge ergab sich nun auffälligerweise, daß die durch Wasserstoffsuperoxyd und Ammoniak zu oxydierende Menge Lignin stets größer war als die, welche durch 72 %-ige Schwefelsäure ungelöst blieb. Auf einen Fehler in der Analyse konnte diese Differenz nicht zurückgeführt werden, weil 3—4-mal wiederholte Bestimmungen stets dasselbe Ergebnis lieferten. Wie weiter unten gezeigt werden wird, ergaben die Elementaranalysen, daß die durch Oxydation beseitigte Menge Lignin ebenfalls einen weit höheren Kohlenstoffgehalt besaß, als Cellulose verlangt, sodaß die Differenz nicht oder nur zum geringen Teil auf mitoxydierte Cellulose zurückgeführt werden konnte.

Wir bezeichnen daher bis auf weiteres den Teil des Ortholignins, der sowohl durch Wasserstoffsuperoxyd und Ammoniak oxydiert als auch durch 72 %-ige Schwefelsäure gelöst wird, als „ungefärbtes"[1] Ortholignin und den in 72 %-iger Schwefelsäure ungelösten Teil als „gefärbtes" Ortholignin.

Die Zerlegung der Rohfasern und die quantitative Bestimmung ihrer einzelnen Bestandteile läßt sich also durch folgende Verfahren bewerkstelligen:

1. Behandlung der Rohfaser mit 72 %-iger Schwefelsäure;
2. Oxydation der Rohfaser mit Wasserstoffsuperoxyd und Ammoniak;
3. Aufeinanderfolgende Behandlung der Rohfaser nach 1. und 2. oder umgekehrt.

Es kann demnach zur Berechnung das Schema dienen:

1. (gefärbtes Ortholignin + Cutin) — Cutin = gefärbtes Ortholignin;
2. Rohfaser — (Orthocellulose + Cutin) = Gesamtlignine;
3. Gesamtlignine — gefärbtem Ortholignin = ungefärbtes Ortholignin;
4. Rohfaser — (Gesamtlignine + Cutin)
   oder [(Orthocellulose + Cutin) — Cutin] = } Orthocellulose.
5. Cutin durch direkte Bestimmung.

Die Zerlegung der Rohfaser in ihre einzelnen Bestandteile nach angegebenem Verfahren zeigt die folgende Zusammenstellung, wobei bemerkt sei, daß sämtliche Zahlen die Mittelwerte aus je 3 oder 4 Bestimmungen angeben.

---

[1] Wir nennen diesen Teil des Lignins „ungefärbt", weil die schwefelsaure Lösung nach Verdünnen mit Wasser hell und klar war.

— 52 —

Bestandteile der Rohfasern.
a) In Prozenten der lufttrockenen Substanz.

No	Substanz	Roh-faser %	durch Oxydation, Cellulose und Cutin %	durch 72% H_2SO_4, Lignin und Cutin %	Cellu-lose %	Ortho-Lignine		Cutin %	Gesamt-Lignine %
						unge-färbte %	gefärbte %		
1	Weizenkleie . .	11,18	6,75	2,50	5,09	3,59	0,84	1,66	4,43
2	Roggenkleie . .	8,17	5,44	3,18	4.22	0,77	1,96	1,22	2,73
3	Gerstenkleie . .	15,26	12,25	3,20	11,49	0,57	2,44	0,76	3,01
4	Tannenholz . . .	49,38	30,37	16,30	30,23	3,05	16,16	0,14	19,01
5	Buchenholz [1]) . .	39,57	28,55	7,30	28,42	3,89	7,13	0,13	11,02
6	Weizenstroh . .	37,23	25,73	6,45	24,84	5,94	5,56	0,89	11,50
7	Gras, jung . . .	12,43	11,12	1,42	10,70	0,31	1,00	0,42	1,31
8	Gras vor der Blüte	22,63	17,47	2,04	16,87	3,72	1,44	0,60	5,16
9	Gras in der Blüte	26,88	21,43	3,14	20,81	2,93	2,52	0,62	5,45
10	Klee vor der Blüte	13,89	10,03	2,41	9,65	1,83	1,98	0,43	3,81
11	Klee in der Blüte	18,34	14,32	3,00	13,79	1,59	2,47	0,53	4,06
12	Flachs	67,38	57,55	2,07	56,78	8,53	1,30	0,77	9,83
13	Hanf	70,81	66,53	0,93	66,35	3,53	0,75	0,18	4,28
14	Neuseeländer Flachs	47,17	43,30	3,07	41,66	2,44	1,43	1,64	3,87
15	Rübenmark . . .	14,73	10,51	0,56	10,31	3,86	0,36	0,20	4,22
16	Apfelschalen . .	14,63	10,63	6,50	7,91	0,22	3,78	2,72	4,00
17	Isländisches Moos	4,03	1,12	3,02	0,74	0,27	2,64	0,38	2,91
18	Tannenrinde . .	41,96	11,65	9,95	10,37	21,64	8,67	1,28	30,31
19	Buchenrinde . .	34,20	14,70	12,24	12,77	9,19	10,31	1,93	19,50
20	Kartoffelschalen .	32,33	16,57	7,72	10,09	14,52	1,24	6,48	15,76

b) In Prozenten der wasser- und aschefreien Substanz.

No	Substanz	Roh-faser %	durch Oxydation, Cellulose und Cutin %	durch 72% H_2SO_4, Lignin und Cutin %	Cellu-lose %	unge-färbte %	gefärbte %	Cutin %	Gesamt-Lignine %
1	Weizenkleie . .	13,65	8,24	3,05	6,22	4,38	1,03	2,03	5,41
2	Roggenkleie . .	9,98	6,65	3,89	5,16	0,94	2,39	1,49	3,33
3	Gerstenkleie . .	18,14	14,56	3,80	13,66	0 68	2,90	0,90	3,58
4	Tannenholz . . .	54,95	33,80	18,13	33,63	3,17	17,98	0,16	21,15
5	Buchenholz . . .	43,25	31,20	7,98	31,07	4,21	7,84	0,14	12,05
6	Weizenstroh . .	41,91	28,96	7,26	27,96	6,69	6,26	1,00	12,95
7	Gras, jung . . .	15,47	13,94	1,77	13,31	0,39	1,24	0,52	1,63
8	Gras vor der Blüte	28,01	21,62	2,52	20,88	4,60	1,78	0,74	6,38
9	Gras in der Blüte	33,28	26,53	3,89	25,76	3,63	3,12	0,77	6,75
10	Klee vor der Blüte	17,09	12,40	2,97	11,88	2,25	2,44	0,53	4,69
11	Klee in der Blüte	23,41	18,23	3,83	17,60	2,03	3,15	0,68	5,18
12	Flachs	72,95	62,30	2,24	61,47	9,23	1,41	0,83	10,64
13	Hanf	75,29	70,74	0,99	70,55	3,75	0,80	0,19	4,55
14	Neuseeländer Flachs	51,89	47,63	3,33	45,83	2,68	1,57	1,80	4,25
15	Rübenmark . . .	27,13	19,49	1,04	19.12	7,16	0,67	0,37	7,83
16	Apfelschalen . .	18,87	13,71	8,39	10,20	0,28	4,88	3,51	5,16
17	Isländisches Moos	4,55	1,26	3,41	0,84	0,30	2,98	0,43	3,28
18	Tannenrinde . .	50,19	13,93	11,90	12,40	25,88	10,37	1,53	36,25
19	Buchenrinde . .	41,09	17,66	14,71	15,34	11,04	12,39	2,32	23,43
20	Kartoffelschalen .	38,87	19,92	9,28	12,13	17,46	1,49	7,79	18,95

[1]) Das Buchenholzlignin hat, wie auch M. Braun (Die technische Gewinnung von Cellulose aus Holz mit besonderer Berücksichtigung der Ablaugenverwertung, Dissertation, Münster i. W., 1913) beobachtete, die auffällige Eigenschaft, daß es beim Auswaschen mit Wasser unter Zutritt von Luft sich dunkel färbt und zum Teil in Lösung geht, zumal wenn es mit Ammoniak behandelt wird. Setzt man zu der ammoniakalischen Lösung Salzsäure, so scheidet sich dieser Teil des Lignins wieder in Flocken aus. Wir suchten diese, wie schon M. Braun es getan hat, durch große Dialysatoren von Ammonchlorid zu reinigen und für sich einer weiteren Untersuchung zu unterwerfen.

Wie schon aus früheren hiesigen Untersuchungen, so geht auch aus den jetzigen hervor, daß die schwerlöslichen Anteile der Zellmembran, die Rohfasern, und mit diesen die aus ihnen entstehenden Lignine mit dem Alter der Gewächse zunehmen, wie aus den Werten bei Gras und Klee erhellt.

Cutin findet sich in fast allen Pflanzenteilen, besonders aber in den äußeren Membranteilen, wo ihm vor allem die biologische Bedeutung des Schutzes gegen Welken und gegen äußere Angriffe zukommen soll. Daraus erklärt sich auch der kaum nennenswerte Cutingehalt der alten Holzarten (0,14 und 0,16 %) im Vergleich zu dem der einjährigen Pflanzen mit 0,5—2,0 %. Bedeutend höher liegen aus demselben Grunde die Cutin-Zahlen bei den Schalen der wasserreichen Äpfel und Kartoffeln mit 3,51 und 7,79 % in der wasser- und aschefreien Substanz.

Stark schwankend sind aber die durch 72 %-ige Schwefelsäure gefundenen Mengen für die gefärbten Ortholignine. Die aus diesen erhaltenen später noch eingehend zu erörternden Methylzahlen, die uns einen direkten Beleg für die jeweilig vorhandenen Methylgruppen geben, zeigen zwar auch starke Unregelmäßigkeiten; diese stehen aber nicht im Verhältnis zu den Schwankungen der Ligninwerte, und deshalb liegt die Vermutung nahe, daß die Lignine der verschiedenen Pflanzen verschieden hoch alkyliert sein müssen.

J. König und M. Braun haben gefunden, daß sich die Schwefelsäure aus den Ligninen nur äußerst schwer oder nicht ganz entfernen läßt; sie vermuten daher, daß sich infolge der langen Einwirkung der konzentrierten Schwefelsäure schwer lösliche Lignosulfosäuren gebildet haben mußten, daß also in den isolierten Rückständen nicht mehr wirklich reines Lignin vorliege, sondern daß dieselben je nach der Dauer der Einwirkung größere oder geringere Mengen Schwefelsäure enthielten. Zur Entscheidung dieser Vermutungen haben wir die verschiedenen Substanzen daraufhin in der Weise untersucht, daß sie unter Zusatz von Kalium-Natriumcarbonat mittels Spiritusbrenner verascht wurden und in der Asche dann Schwefelsäure in üblicher Weise als Bariumsulfat bestimmt wurde.

Die Untersuchungen ergaben in Prozent der wasser- und aschefreien Substanz folgende Mengen Schwefelsäure (SO_3):

Substanz	Ausgangs-stoff %	Rohfaser %	Lignin und Cutin durch 72% H_2SO_4 in % des Lignins und Cutins
Roggenkleie	0,31	0,03	4,15
Apfelschale	0,98	0,04	4,19
Isländisches Moos	0,11	0,07	3,46
Kartoffelschale	0,64	0,29	2,76
Tannenholz[1]	0,04	—	5,90
Buchenholz[1]	0,04	—	4,60

Die Schwefelsäureabnahme bei den Rohfasern gegenüber dem Ausgangsmaterial ist leicht erklärlich, da durch das Dämpfen mit Glycerin-Schwefelsäure lösliche Mineralstoffe, darunter auch Schwefelverbindungen, entfernt sind.

Das Lignin indes scheint in der Tat leicht Schwefelsäure anzulagern, die sich durch Auswaschen nicht oder kaum entfernen läßt.

---

[1] Mit Wasser und Alkohol-Benzol ausgezogen.

c) **Trennung der Bestandteile der Rohfaser durch verdünnte Salzsäure unter hohem Druck.**

Wenn auch die zuletzt erwähnten Anlagerungen von Schwefelsäure beim Behandeln der Holzarten mit 72%-iger Schwefelsäure nicht bedeutend genannt werden und für die Bestimmung des Kohlenstoffgehaltes kaum störend sein können, so sind doch im weiteren Verlauf der Untersuchungen Versuche angestellt, die Cellulose durch andere geeignete Lösungsmittel zu entfernen. Die anfänglichen Versuche, die Cellulose schon durch Dämpfen mit Wasser unter Anwendung eines hohen Druckes und einer verschieden langen Einwirkungszeit zu lösen, schlugen zwar fehl, sie zeigen aber doch, daß sowohl aus Tannen- wie Buchenholz mit zunehmender Dauer der Dämpfzeit steigende Mengen herausgeschafft werden, indem die Rückstände bei beiden Holzarten von 85% (durch einstündiges Dämpfen bei 3 Atm. Druck) auf 50—60% (durch 10-stündiges Dämpfen bei 7 Atm. Druck) zurückgingen.

Die Ergebnisse der Dämpfungen mit Wasser bei Tannen- und Buchenholz (vorher mit Wasser, Alkohol-Benzol ausgezogen) in Prozenten der lufttrockenen Substanz waren folgende:

Material	Angewendete Menge	Menge des Lösungsmittels	Dämpfzeit	Druck	Rückstand	Gelöst		Zucker in der Lösung	Gehalt der Rückstände in Prozenten der wasser- u. aschefreien Substanz	
						im ganzen	Pentosane		Kohlenstoff	Wasserstoff
	g	ccm	Stunden	Atm.	%	%	%	%	%	%
Tannenholz	3,0	200	1	3	85,60	8,98	2,12	4,95	50,44	5,97
„	5,0	300	8	8	66,27	—	—	—	—	—
„	3,0	300	10	7	62,38	32,98	8,58	—	52,03	5,92
Buchenholz	3,0	200	1	3	85,58	8,03	3,77	5,75	49,28	5,68
„	5,0	300	8	8	56,18	—	—	—	—	—
„	3,0	300	10	7	50,78	44,48	23,10	—	49,48	5,85

Wir sehen, daß schon durch Dämpfen mit Wasser allein bei hohem Druck erhebliche Mengen der Zellmembran und darunter auch besonders die Pentosane[1]) in Lösung gehen. Da das angewendete Tannenholz ursprünglich 49,85%, das Buchenholz 48,82% Kohlenstoff in der wasser- und aschefreien Substanz ergab, so sind, wie es naturgemäß ist, verhältnismäßig mehr kohlenstoffärmere als kohlenstoffreichere Verbindungen aufgeschlossen bezw. hydrolysiert worden. Denn berechnet man nach dem weiter unten angegebenen Verfahren aus dem Kohlenstoffgehalt der ursprünglichen Substanz und dem Rückstand, sowie aus der Menge der gelösten Stoffe den Kohlenstoff, so ergibt sich der **Kohlenstoffgehalt der gelösten Stoffe** wie folgt:

Dämpfzeit und Druck	Tannenholz	Buchenholz
1 Stunde bei 3 Atm.	43,88%	43,59%
10 Stunden „ 7 „	45,45%	47,98%

---

[1]) Der in Lösung gegangene Anteil der Pentosane konnte im Filtrat, das einen Geruch wie Holzessig hatte, nicht nachgewiesen werden, da das Filtrat auf dem Wasserbade eingeengt werden mußte, um für die Destillation mit konc. Salzsäure auf das richtige spez. Gew. 1,06 gebracht zu werden. Hierbei hat sich zweifellos das Furfurol mit der Essigsäure verflüchtigt. Die Menge der gelösten Pentosane ist berechnet aus der in der ursprünglichen und der im Rückstande vorhandenen Menge.

— 55 —

Wenn die Berechnung an sich mit Rücksicht auf die mancherlei Analysen-Ungenauigkeiten auch etwas unsicher ist, so läßt sie doch wenigstens die Schlußfolgerung zu, daß aus der Holzmembran durch Wasser unter hohem Druck neben Hemicellulosen auch noch kohlenstoffreichere Verbindungen, nämlich Lignine, gelöst werden, wie dieses auch schon aus den Untersuchungen von J. König und W. Sutthoff[1]) hervorgeht, die für die Zellmembran von Bollmehl, Biertreber, Gras und Kleeheu den Kohlenstoffgehalt der durch 1-stündiges Dämpfen bei 3 Atmosphären durch Wasser gelösten Stoffe zu 47,16—51,06 % fanden.

Nach diesen Ergebnissen war zu erwarten, daß durch Dämpfen der nach Behandeln mit Wasser, Benzol und Alkohol behandelten Holzsubstanz schon durch Dämpfen mit verdünnten Säuren (Salzsäure) bei genügend hohem Drucke auch die Orthocellulose hydrolysiert werden könnte. Zu dem Zwecke suchten wir zunächst den geeigneten Konzentrationsgrad der Salzsäure und den geeigneten Druck zu ermitteln.

Die Ergebnisse sind in folgender Tabelle zusammengestellt:

Versuchsreihe	Substanz	Angewendete Menge g	Säuregrad %	Menge des Lösungsmittels ccm	Druck Atm.	Dämpfzeit Stunden	Trockenrückstand % der lufttrockenen Substanz	Trockenrückstand % der asche- und wasserfreien Substanz	Cellulose-Reaktion $J + H_2SO_4$
1.	Tannenholz	5,0	0,5	300	7	10	30,53	33,97	violett und
	Buchenholz	„	„	„	„	„	25,67	28,06	einzelnes Blau
2.	Tannenholz	3,0	0,5	400	7	10	25,39	28,25	ohne Blau
	Buchenholz	„	„	„	„	„	20,68	22,61	„
3.	Tannenholz	3,0	0,5	300	3	5	55,48	61,74	blau
	„	„	„	„	„	weitere 5	51,45	57,25	„
	Buchenholz	„	„	„	„	5	45,53	49,77	„
	„	„	„	„	„	weitere 5	42,28	46,21	„
4.	Tannenholz	3,0	1,0	300	5	5	28,75	31,99	ohne Blau
	„	„	2,0	„	„	„	26,38	29,36	„
	„	„	3,0	„	„	„	28,45	31,66	„
	Buchenholz	„	1,0	„	„	„	22,92	25,05	„
	„	„	2,0	„	„	„	22,90	25,03	„
	„	„	3,0	„	„	„	23,48	25,67	„
5.	Tannenholz	3,0	1,0	300	5	5	25,60	28,49	vereinzeltes Blau
	„	„	„	„	„	weitere 5	25,80	28,01	ohne Blau
	Buchenholz	„	„	„	„	5	19,60	21,32	vereinzeltes Blau
	„	„	„	„	„	weitere 5	20,83	22,07	ohne Blau
6.	Tannenholz	3,0	1,0	300	5	6	25,90	28,82	ohne Blau
	Buchenholz	v	„	„	„	„	20,38	22,28	„
7.	Tannenholz	3,0	1,0	300	6	4	25,18	28,02	z. T. schwaches
	Buchenholz	„	„	„	„	„	19,98	21,84	Violett

Dazu sei bemerkt:

1. Versuchsreihe: Die Rückstände waren unter dem Mikroskop mit Jod + konc. Schwefelsäure noch teilweise violett bis blau, in der Hauptsache aber gelb gefärbt. Es waren also nur noch geringe Mengen von Cellulose vorhanden.

---

[1]) Landw. Versuchsstationen 1909, **70**, 349.

2. **Versuchsreihe:** Eine Wiederholung mit weniger Substanz und mehr Lösungsmittel lieferte dagegen cellulosefreie Rückstände. Die Möglichkeit der Verzuckerung der Cellulose und eine obere Grenze waren demnach festgestellt.

3. **Versuchsreihe:** Im Gegensatz dazu lieferte ein niederer Druck (3 Atm) und kürzere Dämpfzeit (5 Stunden) reichlich cellulosehaltige Rückstände in ungefähr doppelter Menge. Ein fortgesetztes Dämpfen um weitere 5 Stunden lieferte nur Gewichtsabnahmen von einigen Prozenten.

4. **Versuchsreihe:** Dämpfungen mit 1,0 %, 2,0 % und 3%-iger Säure bei mittlerem Druck und Zeit (5 Atm., 5 Stunden) lieferten zwar cellulosefreie Rückstände, doch mit so geringen Differenzen, daß man annehmen konnte, daß die Höhe des Säuregrades weniger in Betracht komme, als die längere Dauer der Dämpfzeit.

5. **Versuchsreihe:** Daraus folgernd haben wir in dem Bestreben, der praktischen Arbeitszeit des Laboratoriums näher zu kommen, mit einer 1%-igen Säure je fünf Stunden bei 5 Atm. nacheinander gedämpft. Nach den ersten 5 Stunden zeigten die Rückstände noch vereinzelte Cellulosereaktion, nach weiteren 5 Stunden waren sie dagegen bei beiden Holzarten vollkommen frei hiervon. Um nun zu wissen, wieviel Stunden von den letzten fünf zur vollständigen Hydrolyse der Cellulose nötig gewesen waren, wurden nochmals

6. **und 7. Versuchsreihe:** Kontrollversuche mit wechselnder Zeit und verschiedenem Druck vorgenommen. Die Angaben der Tabelle zeigen, daß bei mittlerem Druck von 5—6 Atm. und einer Dämpfzeit von 4—6 Stunden fast gleiche, praktisch cellulosefreie Rückstände gewonnen wurden.

Eine Gegenüberstellung dieser Ergebnisse mit denen der 72%-igen Schwefelsäure zeigt zwar sehr verschiedene Zahlen; da aber in den Dämpfrückständen Cellulose in nennenswerten Mengen — Versuchsreihe 3 kommt praktisch nicht in Betracht — nicht mehr nachgewiesen werden konnte, so ist die Differenz nur dadurch zu erklären, daß durch die konzentrierte Schwefelsäure größere Mengen Lignine gelöst werden als durch die 1%-ige Salzsäure.

Holzrückstände nach Behandlung mit 72%-iger Schwefelsäure und 1%-iger Salzsäure in Prozenten der asche- und wasserfreien Substanzen:

| | Rückstände | |
Material	durch 72%-ige H_2SO_4	durch 1%-ige HCl 5 Stdn. 5 Atm.
Tannenholz	18,13	28,38
Buchenholz	7,98	22,06

Diese Erfahrungen bei den Holzarten wurden weiterhin an den Rohfasern von Weizenstroh nachgeprüft, auch hier wieder in den extremsten Fällen:
1. Schwache Säure (0,5 %), hoher Druck (7 Atm.), lange Dämpfzeit (10 Std.),
2. mittlere „ (1,0 %), mittlerer „ (5—6 „), mittlere „ (4—6 „).

Es wurden für diese Versuche, weil sich Erlenmeyer-Kolben hierfür nicht bewährt hatten, weite, zylindrisch geformte, starke Porzellangefäße (1 Liter Inhalt) verwendet, bei denen der Übelstand geringer Flüssigkeitsabnahme infolge der größeren Oberfläche nicht so stark in Erscheinung trat, als bei den eng zulaufenden Erlenmeyer-Kolben, und Substanzteilchen durch Hängenbleiben an den Wandungen sich der Einwirkung der Säuren nicht entzogen. Dämpfungen bei 5—6 Atmosphären Druck und 4 bis 6 Stunden Dauer lieferten bei Weizenstrohrohfaser cellulosefreie Rückstände in ungefähr denselben Mengen wie das Verfahren mit 72%-iger Schwefelsäure, wie folgende Ergebnisse zeigen:

Material	Angewendete Menge	Grad der Säure	Menge des Lösungsmittels	Druck	Dämpfzeit	Trockenrückstand			Cellulose-Reaktion $(J + H_2SO_4)$
						% der lufttrockenen Rohfaser	% des lufttrockenen Ausgangsmateriales	% des asche- und wasserfreien Ausgangsmateriales	
	g	%	ccm	Atm.	Stdn.				
Weizenstroh-Rohfaser	3,0	0,5	300	7	10	18,16	6,76	7,54	einzelne Teile blau
	„	1,0	„	5	6	18,06	6,72	7,49	ohne Blau
	„	„	„	6	7	18,40	6,89	7,68	„ „

Zur weiteren Aufklärung dieser Verhältnisse wurde eine Reihe frisch hergestellter Rohfasern ebenfalls dieser Behandlung unterworfen, deren Ergebnisse zum Teil aber auch erhebliche Abweichungen von denen der Schwefelsäurebehandlung aufweisen, nämlich:

Rohfaser aus	Lignin + Cutin durch 72%-ige Schwefelsäure		Lignin + Cutin durch 1%-ige Salzsäure	
	in % der lufttrockenen Ausgangsmaterialien	in % der wasser- und aschefreien Ausgangsmaterialien	in % der lufttrockenen Ausgangsmaterialien	in % der wasser- und aschefreien Ausgangsmaterialien
Weizenkleie . . .	2,85	3,05	2,27	2,77
Roggenkleie . . .	3,65	3,89	2,38	2,91
Klee, in der Blüte .	3,36	3,83	2,77	3,54
Isländisches Moos .	3,36	3,41	2,87	3,24
Rübenmark . . .	0,56	1,04	0,67	1,24
Buchenrinde . . .	13,30	14,71	10,00	12,01
Kartoffelschale . .	8,37	9,23	9,20	11,06

Die Differenzen zwischen den durch 72%-ige Schwefelsäure und den durch Dämpfen mit Salzsäure erhaltenen Mengen Lignin + Cutin mögen zum geringen Teil ihre Ursache darin haben, daß die Ortholignine Schwefelsäure binden und hartnäckig festhalten, zum größten Teile aber muß die Ursache wohl in einer verschieden starken Kondensationsform der Zellenbestandteile gesucht werden. Infolgedessen wird zweifellos durch die 72%-ige Schwefelsäure ein größerer oder geringerer Teil der Ortholignine gelöst, der durch 1%-ige Salzsäure bei hohem Drucke nicht angegriffen wird. Auch die durch Oxydation mit Wasserstoffsuperoxyd und Ammoniak gelöste Menge Lignin war durchweg größer, weshalb wir für die Ortholignine zwei Kondensationsstufen angenommen haben, nämlich eine, die durch 72%-ige Schwefelsäure gelöst wird und als „ungefärbtes“ Ortholignin bezeichnet werden möge, und die andere, welche in dieser Schwefelsäure unlöslich ist und die Bezeichnung „gefärbtes“ Ortholignin erhalten möge.

Im übrigen ist das durch Dämpfen mit Salzsäure gewonnene Lignin + Cutin naturgemäß geringhaltig an Schwefelsäure, wie folgende Zusammenstellung zeigt:

Schwefelsäure (SO_3) im	Weizenkleie	Roggenkleie	Äpfelschale	Isländisches Moos	Buchenrinde	Kartoffelschale	Tannenholz	Buchenholz
Ausgangsmaterial .	0,26	0,310	0,98	0,11	0,065	0,64	0,045	0,045
Lignin + Cutin (1% HCl) . .	0,01	0,016	0,03	0,014	0,012	0,048	0,043	0,038

Aus diesen Gründen sind größere Mengen fertiger Rohfasern in einzelnen Portionen planmäßig der Dämpfung mit Salzsäure unterworfen. Im allgemeinen wurde dabei eine 1 %-ige Salzsäure bei mittlerer Zeit (6 Stunden) und mittlerem Druck (5 Atm.) angewendet. Nur bei Gespinstfasern und Rinden mußten die Dämpfungen verlängert bezw. wiederholt werden. Es wurde jedesmal so lange oder so oft gedämpft, bis durch eingehende Untersuchung unter dem Mikroskop mit Jod und Schwefelsäure keine Cellulose mehr erkannt werden konnte.

d) Trennung der Bestandteile der Rohfaser durch rauchende Salzsäure (spez. Gew. 1,21).

Außer den angeführten Lösungsmitteln für Cellulose sind nach der neuesten, erst während der Ausführung dieser Untersuchungen veröffentlichten Arbeit von R. Willstätter und L. Zechmeister[1]) noch in Betracht zu ziehen die Halogenwasserstoffsäuren, über die genannte Autoren folgende Angaben machen:

1. Flußsäure von 70–75 % gelatiniert und löst die Cellulose rasch, die Lösung ist fällbar.
2. Konzentrierte Jodwasserstoffsäure löst Baumwolle in der Kälte nicht.
3. Bromwasserstoffsäure von 48 % gelatiniert Baumwolle, von 57 % löst unvollständig, von 66 % löst bei 0° leicht und vollständig.
4. Gewöhnliche konzentrierte Salzsäure von spez. Gew. 1,19 und 1,196 löst Cellulose nicht, dieselbe wird nur durchsichtig, allmählich gelatinös. Rauchende Salzsäure von 40—42 % dagegen löst Cellulose leicht.

R. Willstätter und L. Zechmeister verwendeten Salzsäure vom spez. Gew. 1,204, 1,209 und 1,212 (bei 15° bestimmt), d. h. mit einem Chlorwasserstoffgehalt von 39,90 %, 40,80 % und 41,40 % und geben an, daß Fichtenholz sich in der rauchenden Salzsäure rasch löst und 30 % seines Gewichtes an Ligninsubstanz hinterläßt, die reiner erhalten wird als bei der Einwirkung von Schwefelsäure auf Holz.

Der hohe Prozentsatz sowie die Reinheit des Lignins veranlaßten uns, auch dieses Verfahren bei vorstehenden Holzarten anzuwenden. Die konzentrierte Salzsäure, die in dieser hohen Konzentration im Handel nicht zu haben ist, stellten wir nach den uns in zuvorkommender Weise von Herrn Professor Dr. Willstätter gemachten Angaben wie folgt her: In die gewöhnliche reine Handelssäure wurde bei 0° (ständige Eiskühlung) unter zeitweisem Umrühren Chlorwasserstoffgas eingeleitet, deren Blasen auch bei starker Entwickelung infolge der reichlichen Absorption die Oberfläche nicht erreichten. Von Zeit zu Zeit wurden Proben entnommen und deren Temperatur zur Bestimmung des spez. Gew. in einem Bade auf 15° gebracht. Die Herstellung der Säure dauert bei guter Kühlung 1—2 Tage.

Bei der Herstellung der Säure zeigten die einzelnen Proben je nach der Zunahme ihrer Konzentration ein verschiedenes charakteristisches Verhalten gegen reine Baumwolle.

Bei spez. Gew. 1,19 (bei 15°): Baumwolle wird nicht ganz gelöst, sie wird nur durchscheinend, auf Zusatz von Wasser fällt sie wieder aus.

Bei spez. Gew. 1,205 (bei 15°): Baumwolle wird nach einiger Zeit gelöst.

---

[1]) Ber. Deutsch. Chem. Gesellsch. 1913, 46, 2401.

Bei spez. Gew. 1,21—1,24 (bei 15°): Die Einwirkung setzt momentan ein, die Baumwolle ist in kurzer Zeit gelöst, die Lösung anfangs gelblich, nach einigen Tagen braungelb. Es lassen sich allmählich beträchtliche Mengen in Lösung bringen.

Zur Feststellung der erforderlichen Mengenverhältnisse sind mehrere Versuchsreihen von mit Benzol-Alkohol ausgezogenen Holzarten und deren Rohfasern angestellt. Wir geben den genauen Verlauf der Versuche wieder, da gerade dieser bislang noch nicht beschrittene Weg von besonderem Interesse ist.

Versuchsreihe	Material	Angewendete Menge g	Angew. Säure (spez.-Gew. bei 15° = 1,21) ccm	Dauer der Einwirkung Stunden	Verhalten des Materials gegenüber der Salzsäure	Aussehen des Rückstandes nach Waschen	Filtrat	Mikroskopischer Befund mit Jod und Schwefelsäure	Rückstand % der lufttrockenen Substanz	Rückstand % der wasser- und aschefreien Substanz
1.	Tannenholz	2,49	60	5	wird sofort grün, später tiefgras-grün	rotbraun	grau-braun	blaß-gelb, z.T. violett und blau, Struktur verquollen	24,68	27,57
	Buchenholz	3,32	60	5	anfangs graugrün, später dunkel-braun	fahl, rot-braun	dunkel-rotbraun	gelbe, strukturlose Massen, z. T. blau	19,14	21,22
2.	Tannenholz	3,27	90	15 [1])	dunkelgrün bis schwarz	rotbraun	braun-gelb	gelbe, fast struktur-lose Masse, z. T. blau	24,34	27,19
	Buchenholz	3,02	90	15 [1])	dunkelbraun	dunkel-rotbraun	dunkel-rotbraun	gelbe, strukturlose Masse ohne Blau	17,59	19,51
3.	Tannenholz	3,11	50	36	wie 2. Versuchs-reihe	braun-schwarz	dunkel-braun-schwarz	gelbe, strukturlose Masse, vereinzelt blau	26,30	29,39
	Buchenholz	3,09	50	36	,,	,,	,,	,,	19,15	21,23
4.	Tannenholz	3,13	60	24 [2])	,,	,,	braun-gelb	gelbe, fast struktur-lose Masse, z. T. violett	25,51	28,50
	Buchenholz	2,98	60	24 [2])	,,	,,	dunkel-rotbraun	gelbe, strukturlose Masse, z. T. violett	18,88	20,93
5.	T-H-Rohfaser	2,0	40	8	sofort dunkel-braune zähe Masse	schwarz	hellgelb	dunkel, Blau nicht zu erkennen	30,85	32,66
	B-H-Rohfaser	2,0	40	8	allmählich dünn-flüssiger	,,	braun-gelb	gelbe, strukturlose Masse, z. T. violett	15,36	16,45

Diese Aufstellung zeigt für die Rohfaserrückstände die Werte in Prozenten der Rohfasern selbst; auf das Ausgangsmaterial ausgedrückt lauten sie:

Tannenholzrohfaser 15,23 % und 16,95 % der wasser- und aschefreien Substanz,
Buchenholzrohfaser 6,08 % „ 6,65 % „ „ „ „ „

Diese Zahlen sind naturgemäß erheblich niedriger als die durch direkte Behandlung der Holzarten erhaltenen, da ja durch das Rohfaserverfahren nach J. König die Proto- und Hemilignine mit entfernt werden. Diese Lignine müssen daher in den durch 41 %-ige Salzsäure dargestellten Rückständen der Holzarten noch vorhanden sein.

Es hat aber doch nicht immer gelingen wollen, wirklich cellulosefreie Rückstände zu erhalten, da unter dem Mikroskop in den meisten Fällen noch eine schwache Cellulosereaktion, z. T. durch das Gelb der Lignine in Violett übergehend, festgestellt werden konnte. Wir haben daher die Säure noch konzentrierter (1,23) anzu-

---

[1]) Ohne zu schütteln.
[2]) Häufig geschüttelt.

wenden versucht, aber mit gleichem Ergebnis, und daher glauben wir den Grund für die schwache Cellulosereaktion nicht in der mangelnden Konzentration der Säure suchen zu müssen, sondern in der Beschaffenheit der verwendeten Substanz und in der Arbeitsweise. Es wurden die Versuche in kleinen Erlenmeyer-Kölbchen mit eingeschliffenen Glasstopfen ausgeführt, um ein Entweichen von Chlorwasserstoff zu vermeiden. Die Holzarten, aber ganz besonders die Rohfasern, erstarrten nach kurzer Zeit infolge der einsetzenden Verzuckerung zu festen Stücken, die trotz längerer Zeit und häufigen Umschwenkens nicht wieder ganz zergingen, z. T. an der Glaswandung sitzen blieben und daher nicht genügend lange mit der Säure in Berührung gehalten werden konnten. Wir haben daher bei der Herstellung größerer Mengen die einzelnen kleinen Ansätze nach einigen Stunden vereinigt und dann unter den vorgeschriebenen Bedingungen so lange Chlorwasserstoff eingeleitet, bis mehrere Proben nach Auswaschen keine Cellulosereaktion mehr gaben.

Die Tabelle zeigt, daß wir den Angaben Willstätters, der aus Fichtenholz 30 % Rückstand erhielt, ziemlich nahe gekommen sind, wenigstens bei Tannenholz. Es muß daher von besonderem Interesse sein, die mit unseren anderen Einzelprodukten vorgenommenen Untersuchungen auch an diesen Ligninen durchzuführen, deren Werte den Rückständen unserer Salzsäuredämpfungen nahezu gleichkommen. Auf die Angaben der Strukturverhältnisse der Lignine Willstätters werden wir noch weiterhin in einer besonderen Gegenüberstellung mit unseren sonstigen Präparaten eingehen.

Im übrigen ist das Verfahren so umständlich, und bietet in der Ausführung gegenüber dem Dämpfen mit verdünnter Salzsäure so manche Unannehmlichkeiten, daß es sich schwer in den Laboratoriumsbetrieb einfügen läßt.

3. Die bei der Oxydation der Lignine durch Wasserstoffsuperoxyd und Ammoniak sich bildenden Säuren.

Da nach den Untersuchungen von Croß jun., B. Tollens und J. König[1] die Lignine als Derivate der Hexosane und Pentosane mit eingelagerten Methyl- bezw. Acetyl-Gruppen aufgefaßt werden können, so müssen bei der Oxydation mit Wasserstoffsuperoxyd und Ammoniak, wenn diese Anschauung richtig ist, sich außer Kohlensäure auch Ameisensäure und Essigsäure bilden. Das ist auch in der Tat der Fall. Wir verfuhren in der Weise, daß wir 0,5—2,0 g der Lignine bezw. Rohfasern mit 100 ccm 6 %-igem Wasserstoffsuperoxyd — hergestellt durch Verdünnen von 20 ccm Perhydrol Merck zu 100 ccm — 20 ccm 24 %-igem Ammoniak und 100 ccm gesättigtem, völlig klarem Kalkwasser behufs sicherer Bindung der entstehenden Säuren und unlöslichen Abscheidung des Calciumcarbonates versetzten und hierzu mehrere Tage hintereinander 3 bezw. 5 ccm Perhydrol Merck zusetzten. Nach beendeter Oxydation wurde unter Beachtung aller Vorsichtsmaßregeln zur Abhaltung der Luftkohlensäure filtriert, mit ausgekochtem, kohlensäurefreiem kaltem Wasser bis zum Verschwinden der Calciumreaktion ausgewaschen, der Rückstand in warmer, verdünnter Essigsäure gelöst und in der Lösung in üblicher Weise der Kalk mit Ammoniumoxalat gefällt, als Calciumoxyd gewogen und auf Kohlensäure umgerechnet.

Das Filtrat der Oxydationsflüssigkeit, auf dem Wasserbade auf ungefähr 100 ccm eingeengt, wurde nach Ansäuern mit verdünnter Schwefelsäure der Destillation mit

---

[1] Vergl. J. König, Landw. Versuchsstationen 1907, 65, 55.

Wasserdampf unterworfen. In den so gewonnenen Destillaten wurde einmal in einem aliquoten Teil durch Titration mit $^1/_{10}$ N.-Kalilauge die Gesamtsäure, ausgedrückt als Essigsäure, das andere Mal nach H. Fincke[1]) die Ameisensäure durch Reduktion von Quecksilberchlorid bestimmt. Die berechnete Menge Ameisensäure, als Essigsäure ausgedrückt, von der Gesamtsäure abgezogen, ergibt die wirklich gebildete Menge Essigsäure. Die Reste der Destillate, unter geringem Zusatz von doppelkohlensaurem Natrium eingedampft, ergaben bei der Prüfung auf Essigsäure die Kakodylreaktion.

Da nach den Angaben Fincke's lange destilliert werden muß, um sämtliche Ameisensäure überzutreiben, wurde 0,1 g ameisensaures Natrium ohne Krystallwasser aus schwefelsaurer wässeriger Lösung stufenweise destilliert und in den einzelnen Destillaten die Ameisensäure bestimmt, wobei sich ergab:

$$
\begin{array}{lllll}
\text{I. Destillat} & = 500 \text{ ccm} & = 0{,}0525 \text{ g Ameisensäure} \\
\text{II.} \quad ,, & = 250 \quad ,, & = 0{,}00827 \text{ g} & \quad ,, \\
\text{III.} \quad ,, & = 250 \quad ,, & = 0{,}0040 \,,, & \quad ,, \\
\text{IV.} \quad ,, & = 250 \quad ,, & = 0{,}0030 \,,, & \quad ,, \\
\text{V.} \quad ,, & = 250 \quad ,, & = \quad 0 \quad ,, & \quad ,, \\
\hline
\text{Summe} & & = 0{,}006777 \text{ g Ameisensäure, d. h.}
\end{array}
$$

die in 0,1 g ameisensaurem Natron enthaltene Menge 0,0676 g Ameisensäure ist in ihrer Gesamtmenge in 1250 ccm überdestilliert.

Es sind daher bei den weiteren Untersuchungen von der Flüssigkeit 1500 bis 2000 ccm abdestilliert, unter steter Prüfung, ob bei fortgesetzter Destillation durch $^1/_{10}$ N.-Kalilauge noch Säure nachweisbar war.

Auf diese Weise wurden gefunden:

α) Oxydationsergebnisse isolierter Lignine in Prozenten der Lignine:

Substanz	Angewendete Menge in g	Dauer der Oxydation Stdn.	Trockenrückstand %	Entstandene Kohlensäure %	Gesammtsäure als Essigsäure %	Entstandene Ameisensäure %	Wirklich gebildete Essigsäure %	Den Säuren entsprechender Kohlenstoff
Tannenlignin .	0,5	4×24	10,40	8,47	5,40	3,46	0,90	3,672
Hanflignin . .	0,5	4×24	9,74	13,18	4,50	3,02	0,70	4,662
Tannen- und Kiefernlignin .	1,0	3×24	0,28	3,62	4 22	5,12	1,54	2,839

β) Oxydationsergebnisse von Rohfasern in Prozenten der angewendeten Substanzen:

Substanz	Angewendete Menge in g	Dauer der Oxydation Stdn.	Trockenrückstand %	Entstandene Kohlensäure %	Gesammtsäure als Essigsäure %	Entstandene Ameisensäure %	Wirklich gebildete Essigsäure %	Den Säuren entsprechender Kohlenstoff
Tannenholz . .	1,0	4×24	66,19	8,43	21,60	4,24	16,07	9,821
Flachs	1,0	4×24	68,67	4,67	22,50	2,34	19,50	8,583
,, ...	1,0	10×24	60,04	5,22	31,70	3,19	27,54	13,271
Weizenkleie . .	2,0	12×24	68,60	2,80	12,45	1,17	10,80	5,388
Roggenkleie . .	2,0	12×24	66,28	3,00	11,40	2,93	8,99	5,178
Neuseeländer Flachs . . .	2,0	12×24	77,40	3,53	4,65	2,68	1,16	2,126

---

[1]) Zeitschrift f. Untersuchung d. Nahrungs- u. Genußmittel 1912, **23**, 255 u. Biochem Zeitschrift 1913, **51**, 253.

γ) Weiter wurden auch mehr oder weniger reine Cellulosen (Verbandwatte und Filtrierpapier) in derselben Weise geprüft und konnte auch bei ihnen, wenn die Oxydation genügend lange fortgesetzt wurde, eine geringe Bildung genannter Säuren festgestellt werden. Nach 3 und 5-tägiger Behandlung wurden folgende Rückstände in Prozenten der wasser- und aschefreien Substanz erhalten.

	Nach 3-tägiger Oxydation	Nach 5-tägiger Oxydation
Verbandwatte	98,70 %	90,81 %
Filtrierpapier	94,35 %	90,41 %

Daß hier die fast reinen Cellulosen etwas stärker angegriffen sind als bei den vorherigen Versuchen (S. 50) kann seinen Grund einerseits in einer stärkeren Verunreinigung der verwendeten Proben, andererseits aber auch darin haben, daß die Oxydation mit Wasserstoffsuperoxyd und Ammoniak bei gleichzeitiger Gegenwart von Kalkwasser energischer verläuft.

Im übrigen können bestimmte Schlußfolgerungen aus diesen Untersuchungen nicht gezogen werden. Zwar lassen sich die durch Schwefelsäure abgespaltenen Lignine, sowie das aus dem schwefelsauren Filtrat des Buchenholzrückstandes nach Eiwirkung des Luftsauerstoffes mit Salzsäure abgeschiedene Lignin bis auf geringe Reste durch Wasserstoffsuperoxyd und Ammoniak (sowie Kalkwasser) glatt oxydieren und entstehen hierbei neben Kohlensäure Ameisen- und Essigsäure, weil aber bei längerer Oxydation mit Wasserstoffsuperoxyd, Ammoniak und Kalkwasser auch die Cellulosen geringe Mengen derselben Säuren liefern, so läßt sich aus der Menge der durch Oxydation gebildeten Ameisen- und Essigsäure kein Rückschluß auf die Menge der Lignine ziehen. Auch werden sich neben den genannten Säuren, weil der durch die Oxydation der Lignine erhaltene Kohlenstoff bedeutend geringer ist als der in den Ligninen enthaltene, zweifellos noch andere Oxydationsprodukte bilden, deren Natur sich bis jetzt wegen der zur Oxydation angewendeten geringen Mengen Substanz nicht feststellen ließ.

4. Gehalt der Rohfasern an Methyl bezw. Methoxyl.

Mehr aber als die gebildeten Mengen Ameisen- und Essigsäure wird das Vorkommen von Ligninen dadurch bewiesen, daß die Zellmembrane bezw. Rohfasern bei der Destillation mit Jodwasserstoff und Phosphor nach dem Verfahren von Benedikt und Bamberger[1]) Methyl (Alkyl) als Jodid abspalten, und daß diese Menge nach den Untersuchungen von J. König und Fr. Hühn[2]) mit dem Gehalt an Lignin steigt und fällt.

Wir haben daher die Rohfasern aus den vorstehenden Stoffen ebenfalls auf abspaltbaren Methylgehalt untersucht, die Untersuchungen aber gleichzeitig auch an den durch 72 %-ige Schwefelsäure isolierten Ligninen und dem mit 1 %-iger Salzsäure unter hohem Druck erhaltenen Rückständen ausgeführt, den Gehalt aber auf die Ligninmengen berechnet, weil das Cutin kein Methyl abspaltet.

In 1000 Teilen wasser- und aschefreier Substanz sind enthalten:

---

[1]) Chem. Zentralbl. 1890, **61**, 608 u. 1891, **62**, 557.
[2]) J. König u. Fr. Hühn: Die Bestimmung der Cellulose in Holzarten und Gespinstfasern, Berlin 1911.

No	Substanz	Rohfaser		Lignine			
		Menge	darin Methylzahl	erhalten durch 72%-ige Schwefelsäure		erhalten durch 1%-ige Salzsäure unter Druck	
				Menge	Methylzahl	Menge	Methylzahl
		$^0/_{00}$	$^0/_{00}$	$^0/_{00}$	$^0/_{00}$	$^0/_{00}$	$^0/_{00}$
1	Weizenkleie . . .	136,5	9,22	10,30	18,40	7,40	9,81
2	Roggenkleie . . .	99,8	14,44	23,90	15,41	14,20	9,10
3	Gerstenkleie . . .	181,4	13,52	29,00	49,39	4,40	38,53
4	Tannenholz. . . .	—[1]	24,51	179,80	67,50	—	68,50
5	Buchenholz. . . .	—[1]	31,37	78,40	80,76	—	78,57
6	Weizenstroh . . .	419,1	16,24	62,60	65,68	57,80	57,53
7	Gras jung	154,7	4,40	12,40	14,78	—	8,45
8	Gras vor der Blüte	280,1	6,02	17,80	30,31	—	—
9	Gras in der Blüte .	332,8	6,82	31,20	47,77	—	33,05
10	Klee vor der Blüte	170,9	7,65	24,40	33,16	—	—
11	Klee in der Blüte .	234,1	10,11	31,50	41,97	28,60	31,15
12	Flachs	—[1]	2,53	14,10	30,45	—	12,64
13	Hanf	—[1]	2,85	8,00	45,62	—	17,81
14	Neuseeländ. Flachs .	—[1]	18,25	15,70	51,75	—	42,47
15	Rüben-Mark . . .	271,3	5,51	6,70	40,25	8,70	17,62
16	Äpfelschalen . . .	188,7	5,62	48,80	12,56	23,20	6,66
17	Isländisches Moos .	45,5	13,78	29,80	15,45	28,10	11,58
18	Tannenrinde . . .	501,9	20,91	103,70	37,43	—	32,21
19	Buchenrinde . . .	410,9	30,32	123,90	56,87	96,90	53,59
20	Kartoffelschalen . .	388,7	23,95	14,90	40,80	32,70	39,16

Die Tabelle zeigt, daß methylierte Zellmembranbestandteile überall vorkommen. Die Mengenverhältnisse sind allerdings sehr wechselnd, und zwar nicht nur nach der Art, sondern auch nach dem Alter der Pflanzen. Die höchsten Methylzahlen wurden für altes Kernholz und Rinden von Tannen- und Buchenholz gefunden, niedriger stehen die Zahlen bei den einjährigen Gras- und Kleearten und den Gespinstfasern. Bei Gras und Klee (No. 7—11) ist außerdem deutlich zu erkennen, daß mit dem Ligningehalt die Methylzahlen zunehmen.

Auch sonst sieht man, daß mit der Menge an Rohfaser der Gehalt an Ligninen und abspaltbarem Methyl im allgemeinen zunimmt, aber es kommen auch vielfach Ausnahmen vor, sodaß von einer Gesetzmäßigkeit nicht die Rede sein kann. Die durch Dämpfen mit 1%-iger Salzsäure erhaltenen Lignine zeigen durchweg eine niedrigere Methylzahl als die durch 72%-ige Schwefelsäure gewonnenen Lignine. Da durch letzteres Verfahren auch an sich mehr Lignine als durch ersteres sich ergeben, so folgt hieraus, daß es verschieden hoch alkylierte Lignine gibt. Benedikt und Bamberger haben im Holz rund 50% Lignin angenommen und glaubten aus der gefundenen Methylzahl den Ligningehalt berechnen zu können, indem sie den Faktor $\dfrac{100}{52,9}$ zugrunde legten.

Wir haben diese Berechnungen wie folgt durchzuführen versucht:

1. Wie viele Teile der durch 72%-ige Schwefelsäure enthaltenen Lignine, d. h. der gefärbten Ortholignine kommen auf 1 Teil Methyl und wieviel Methyl kommen auf 1000 Teile der gefärbten Ortholignine?

---

[1] Bei den Holzarten und Gespinstfasern beziehen sich die Zahlen auf den durch vorherige Behandlung mit Wasser und Benzol-Alkohol erhaltenen wasser- und aschefreien Rückstand, also nicht auf Rohfaser nach Behandlung mit Glycerin-Schwefelsäure.

In Prozenten der natürlichen Substanz:

No.	Substanz	Lignin + Cutin durch 72%-ige Schwefelsäure	Gefärbtes Ortho-Lignin %	Die 0,3 g Substanz entsprechende Menge Methyl	Die in 0,3 g Lignin u. Cutin enthaltene Mengegefärbten Ortho-Lignins	Das dem ganzen gefärbten Ortho-Lignin entsprechende Methyl	Auf 1 Teil Methyl kommen wieviel gefärbt. Ortho-Lignin	Auf 1000 Teile gefärbte Ortho-Lignine kommen wieviel Methyl? M.-Z. d. g. O.-L.
1	Weizenkleie	2,50	0,84	0,004934	0,1008	0,04112	19,96	48,95
2	Roggenkleie	3,18	1,96	0,004245	0,1849	0,04500	43,55	22,96
3	Gerstenkleie	3,20	2,44	0,006109	0,2287	0,06516	37,44	26,71
4	Tannenholz	16,30	16,16	0,018160	0,2974	0,98670	16,38	61,06
5	Buchenholz . . .	7,30	7,13	0,021766	0,2930	0,52960	13,48	74,28
6	Weizenstroh	6,45	5,56	0,015466	0,2586	0,33250	16,72	59,86
7	Gras, jung	1,42	1,00	0,002694	0,2112	0,01275	78,39	12,75
8	„ vor der Blüte .	2,04	1,44	0,007277	0,2118	0,04948	29,10	34,36
9	„ in der Blüte .	3,14	2,52	0,011215	0,2408	0,11740	21,47	46,59
10	Klee vor der Blüte .	2,41	1,98	0,008853	0,2465	0,07110	27,84	35,91
11	„ in der Blüte .	3,00	2,47	0,011121	0,2470	0,11120	22,05	45,34
12	Flachs	2,07	1,30	0,008406	0,1444	0,07570	17,18	58,23
13	Hanf	0,93	0,75	0,012000	0,2419	0,03720	20,16	49,60
14	Neuseeländ. Flachs .	3,07	1,43	0,014164	0,1397	0,14500	9,86	101,40
15	Rübenmark	0,56	0,36	0,004672	0,1928	0,00870	41,27	24,17
16	Äpfelschale	6,50	3,78	0,003428	0,1745	0,07430	50,91	19,66
17	Isländ. Moos . . .	3,02	2,64	0,003951	0,2623	0,03980	66,39	15,08
18	Tannenrinde	9,95	8,67	0,009728	0,2614	0,33010	26,87	38,07
19	Buchenrinde	12,24	10,31	0,014871	0,2527	0,60670	16,99	58,85
20	Kartoffelschale . . .	7,72	1,24	0,010940	0,0482	0,28150	44,06	227,00

2. Wie viele Teile der oxydierten Gesamtlignine kommen auf 1 Teil Methyl und wieviel Methyl kommen auf 1000 Teile der oxydierbaren Gesamtlignine?

In Prozenten der natürlichen Substanz:

No.	Substanz	Rohfaser %	Oxydierbares Gesamtlignin %	Die 0,3 Rohfaser oder Ausg.-Mat. entsprechende Menge Methyl	Die in 0,3 g Rohfaser oder Ausg.-Mat. enthaltene Gesamt-oxyd.-Lignine	Das dem ganzen oxydierbaren Gesamt-Lignin entsprechende Methyl	Auf 1 Teil Methyl kommen wieviel oxydierb. Gesamtlignin	Auf 1000 Teile oxyd. Gesamtlignin kommen wieviel Methyl M.-Z. d. oxyd.-G.-L
1	Weizenkleie . . .	11,18	4,43	0,002585	0,1189	0,0963	46,00	21,74
2	Roggenkleie . . .	8,17	2,73	0,004053	0,1003	0,1104	24,75	40,44
3	Gerstenkleie . . .	15,26	3,01	0,003285	0,0592	0,1671	18,02	55,52
4	Tannenholz . . .	—	19,01	0,006606	0,0570	2,2030	8,63	115,89
5	Buchenholz . . .	—	11,02	0,008611	0,0331	2,8703	3,84	260,45
6	Weizenstroh	37,23	11,50	0,004372	0,0927	0,5426	21,20	47,18
7	Gras, jung . . .	12,43	1,31	0,001213	0,0316	0,0503	26,05	38,37
8	„ vor der Blüte	22,63	5,16	0,001628	0,0684	0,1228	42,02	23,80
9	„ in der Blüte	26,88	5,45	0,001883	0,0608	0,1687	32,29	30,95
10	Klee vor der Blüte	13,89	3,81	0,002138	0,0823	0,0990	38,49	25,99
11	„ in der Blüte .	18,34	4,06	0,002796	0,0664	0,1709	23,75	42,10
12	Flachs	—	9,83	0,000702	0,0295	0,2340	42,02	23,81
13	Hanf	—	4,28	0,000894	0,0128	0,2980	14,32	69,63
14	Neuseel. Flachs . .	—	3,87	0,004979	0,0116	1,6597	2,33	428,87
15	Rübenmark . . .	14,73	4,22	0,001411	0,0860	0,0693	60,95	16,42
16	Äpfelschale . . .	14,63	4,00	0,001596	0,0820	0,0778	51,38	19,45
17	Isländ. Moos . . .	4,03	2,91	0,003511	0,2166	0,0472	61,19	15,85
18	Tannenrinde . . .	41,96	30,31	0,005585	0,2167	0,7812	38,80	25,77
19	Buchenrinde . . .	34,20	19,50	0,008317	0,1711	0,9482	20,57	48,63

Die beiden Tabellen zeigen große Abweichungen, die sich aus den stark wechselnden Werten erklären, auf welche die Methylzahlen bezogen sind. Die Menge der oxydierbaren Lignine (Gesamtlignine) ist größer als die der gefärbten Lignine, weshalb sich bei gleichen absoluten Methylzahlen die Werte für gleiche Mengen der beiden Ligningruppen verschieden und im ersten Falle entsprechend niedriger stellen müssen. Im übrigen sind aber die auf 1 Teil Methyl entfallenden Mengen Lignin unter sich so verschieden[1]) — sie schwanken für gefärbtes Ortholignin von 9,86 bis 78,39 und für oxydierbares Gesamtlignin von 2,33 bis 61,19 —, sodaß es nicht angängig ist, für die Gesamtheit einen Mittelwert zu berechnen, d. h. einen Faktor anzugeben, mit dem die gefundene Methylzahl einer Substanz multipliziert werden könnte, um deren Ligningehalt auch nur einigermaßen annähernd zu berechnen.

5. Elementarzusammensetzung der Rohfasern und ihrer Bestandteile.

Wie in ihrem chemischen Verhalten, so sind die Rohfasern und Lignine auch in der Elementarzusammensetzung verschieden. So ergaben:

a) die Rohfasern folgende Gehalte an Kohlenstoff und Wasserstoff:

No.	Rohfaser (durch Glycerin-Schwefelsäure)	Lufttrockene Substanz				Wasser- und aschefreie Substanz	
		Wasser %	Asche %	Kohlenstoff %	Wasserstoff %	Kohlenstoff %	Wasserstoff %
1	Weizenkleie	4,92	2,73	50,34	6,41	54,51	6,94
2	Roggenkleie	5,54	1,47	50,31	6,82	54,10	7,34
3	Tannenholz	7,93	0,37	47,84	5,58	52,18	6,09
4	Buchenholz	6,73	0,01	44,81	5,36	48,05	5,75
5	Weizenstroh	6,01	4,22	42,06	5,36	46,85	5,97
6	Gras vor der Blüte . .	7,70	2,21	40,51	5,94	44,97	6,60
7	„ in der Blüte . .	6,07	1,95	42,03	5,45	45,69	5,93
8	Klee vor der Blüte . .	6,39	0,74	43,95	5,65	47,32	6,08
9	„ in der Blüte . .	6,60	1,60	43,87	5,72	47,79	6,23
10	Flachs	6,66	0,25	42,03	5,65	45,15	6,07
11	Hanf	7,78	0,12	40,93	5,50	(44,44)	5,97
12	Neuseeländer Flachs . .	7,13	0,20	42,88	5,35	46,27	5,78
13	Tannenrinde	7,77	5,00	46,48	5,42	53,28	6,21
14	Buchenrinde	6,52	8,93	41,37	5,31	48,93	6,28
15	Kartoffelschale . . .	4,84	4,42	51,11	6,35	56,33	7,00

Nur bei Hanf entspricht der Kohlenstoffgehalt der wasser- und aschefreien Substanz dem der Cellulose. Da aber die Hanfrohfaser noch 4,55 % Lignine (mit 69,13 % Kohlenstoff) einschließt, so muß hier die Cellulose einen etwas niedrigeren Kohlenstoffgehalt als 44,44 % besitzen.

Bei den übrigen Rohfasern liegen die Kohlenstoffgehalte der wasser- und aschefreien Substanzen sämtlich über 44,44 % und schwanken in weiten Grenzen, nämlich

---

[1]) Die auf gleiche Weise berechneten Methylzahlen für die durch Dämpfen mit 1 %-iger Salzsäure gewonnenen Lignine zeigten noch größere Abweichungen, so daß es sich erübrigt, dieselben wiederzugeben.

zwischen 44,97—56,33% der wasser- und aschefreien Substanz. Diese Schwankungen sind durch den wechselnden Gehalt an Lignin und Cutin bedingt und zeigen uns, daß das, was wir in den Analysen — hier durch Glycerin-Schwefelsäure — als Rohfaser erhalten und als solche in den Analysen aufführen, von sehr verschiedener Beschaffenheit ist.

b) Elementarzusammensetzung der Lignine.

Zur Ermittelung der Elementarzusammensetzung der Lignine verwendeten wir die Rückstände der 6-stündigen Dämpfung mit 1%-iger Salzsäure bei 5 Atm., die nach der mikroskopischen Untersuchung als frei von Cellulose sich erwiesen hatten. Die Rückstände von der Behandlung mit 72%-iger Schwefelsäure hielten wir für diesen Zweck für nicht so geeignet, weil sie wechselnde Mengen Schwefelsäure enthielten, die sich selbst durch anhaltendes Wachsen mit Ammoniak z. T. nicht ganz entfernen ließen.

Elementarzusammensetzung von Lignin + Cutin durch Dämpfen mit 1%-iger Salzsäure — durchschnittlich 6 Stunden bei 5 Atm. — in Prozenten der lufttrockenen sowie wasser- und aschefreien Substanz:

No.	Lignin + Cutin aus	Lufttrockene Substanz				Wasser- und aschefreie Substanz	
		Wasser %	Asche %	Kohlenstoff %	Wasserstoff %	Kohlenstoff %	Wasserstoff %
1	Weizenkleie	5,55	2,22	64,59	6,84	70,03	7,42
2	Roggenkleie	5,60	1,16	64,60	7,24	69,28	7,80
3	Tannenholz	6,23	0,57	66,21	4,89	68,65	5,07
4	Buchenholz	6,68	1,14	65,63	4,70	68,84	4,93
5	Weizenstroh	7,13	9,79	56,02	4,67	67,43	5,62
6	Gras, jung	5,00	10,04	60,62	6,44	71,35	7,58
7	„ vor der Blüte .	5,76	10,48	58,26	5,72	69,56	6,82
8	„ in der Blüte . .	6,40	8,00	60,01	5,58	70,27	6,52
9	Klee vor der Blüte . .	6,25	1,90	61,82	5,85	67,31	6,37
10	„ in der Blüte . .	6,48	4,20	61,27	5,18	68,60	5,81
11	Flachs	3,00	0,95	65,95	5,62	68,66	5,85
12	Hanf	7,50	3,16	61,79	3,66	69,13	4,10
13	Neuseeländ. Flachs . .	6,54	1,02	63,83	4,69	69,05	5,07
14	Apfelschalen	6,74	0,83	63,82	6,17	69,05	6,68
15	Isländ. Moos	6,77	7,96	58,55	3,95	68,67	4,63
16	Tannenrinde	8,80	5,36	58,88	4,10	68,60	4,78
17	Buchenrinde	7,42	2,30	61,87	4,98	68,53	5,52
18	Kartoffelschale . . .	5,45	10,62	58,10	5,43	69,23	6,47

Für drei Proben der mit Schwefelsäure hergestellten Lignine fanden J. König und M. Braun (l. c.):

	Buchenholz-Lignin [1]	Tannenholz-Lignin [1]	Hanf-Lignin
Kohlenstoff	62,08 %	64,86 %	56,62 %
Wasserstoff	4,97 „	4,86 „	5,82 „

[1] Aus diesen Ligninen konnte ein Teil durch Ammoniak ausgezogen und durch Säure wieder gefällt werden. Dieser Teil ergab bei Buchenholz 59,76%, bei Tannenholz 63,01% Kohlenstoff in der wasser- und aschefreien Substanz.

Da die mit Schwefelsäure erhaltenen Lignine aber, wie bereits angegeben, Schwefelsäure so fest gebunden enthalten, daß sie sich nicht vollständig auswaschen läßt, so sind vorstehende Kohlenstoffzahlen, bei denen der Schwefelsäuregehalt nicht berücksichtigt ist, als zu niedrig anzusehen, und haben wir in der Folge von der Ermittelung der Elementarzusammensetzung bei den auf diese Weise zu gewinnenden Ligninen abgesehen.

. Auch die durch 41 %-ige Salzsäure nach Willstätter hergestellten Lignine haben wir einer Elementaranalyse unterworfen und in der wasser- und aschefreien Substanz gefunden:

Gehalt an	Tannenholz-Lignin		Buchenholz-Lignin	
	direkt aus Holz[1] %	aus der Rohfaser %	direkt aus Holz[1] %	aus der Rohfaser %
Kohlenstoff	62,62	66,15	60,95	63,72
Wasserstoff	5,24	4,09	6,20	4,42

Auffälligerweise schien bei allen vier Proben zum Schlusse etwas Kohle unverbrannt geblieben zu sein, sodaß auch diese Werte jedenfalls zu niedrig sein werden.

Es ist aber nicht unwichtig, hier nochmals einen kurzen Überblick über die Werte zu geben, die durch indirekte Berechnung für den Kohlenstoffgehalt der Lignine gefunden worden sind, nämlich von:

No.	Untersucher	Art des Lignins		Kohlenstoff %	Wasserstoff %
1	Stackmann[2]	Dicotylenholzlignin		53,10—59,60	4,40—6,30
		Coniferenholzlignin		65,60—67,80	—
2	Koroll[3]	Wal- und Haselnußlignin		51,50—54,20	4,80—5,50
		Linde- und Ulmenlignin		53,60—54,90	4,90—6,00
		Birkenrindenlignin		72,70	7,80
3	Fr. Schulze[4]	Holzlignin		55,55	5,83
4	W. Henneberg[5]	Futterstofflignin		55,40	5,70
5	Th. Dietrich und J. König[6]	.,		55,00—55,59	—
6	C. Krauch u. v. d. Becke[7]	desgl. nach Behandlung der Stoffe mit	Schulze's Reagens der Rohfaser m. desgl.	50,27—57,19	5,87—8,14
				51,05—69,64	—

[1] Aus Holz, nachdem es vorher mit Wasser und Benzol-Alkohol behandelt worden war.

[2] Stackmann: Studien über die Zusammensetzung des Holzes. Dissertation Dorpat. 1878.

[3] Koroll: Quant. chem. Untersuchung über die Zusammensetzung des Korkes, Bast, Sklerenchym- und Markgewebes. Dissertation Dorpat. 1880

[4] Fr. Schulze: Festschrift zur 400-jährigen Jubelfeier der Universität Greifswald: Beitrag zur Kenntnis des Lignins und seines Vorkommens im Pflanzenkörper; Chem. Zentralbl. 1857, 21, 321.

[5] Henneberg: Beiträge zur rationellen Fütterung der Wiederkäuer II. 364 u. 376.

[6] Landw. Vers.-Stationen. 1870, 13, 222.

[7] Ebendort 1880, 25, 222; 1882, 27, 387.

No.	Untersucher	Art des Lignins	Kohlenstoff %	Wasserstoff %
7	Kühn, Aronstein und Schulze[1] . . .	Futterstofflignin	55,00—59,75	5,78—7,50
8	J. König und R. Murdfield[2]	desgl.	53.75—59,04	—
9	J. König u. Fürstenberg[3]	desgl.	52,84—60,90	—
10	J. König und Fr. Hühn (l. c.)	Holzlignin	50,00—66,94	—
11	Croß und Bevan (l. c.) . .	Nichtcellulose = Lignon	57,80	—

Diese auf indirektem Wege durch Berechnung gefundenen Werte für den Kohlenstoffgehalt der Lignine haben wegen der Unsicherheit des Verfahrens, die vorwiegend in der höchst unscharfen Trennung der Lignine von der Cellulose ihren Grund hat, nur eine mehr oder weniger wahrscheinliche Bedeutung. Im allgemeinen sind die Werte viel niedriger als die letzten von uns direkt gefundenen Werte, was jedenfalls daran liegt, daß entweder nicht alles Lignin von der Cellulose entfernt, oder letztere z. T. mit Lignin gelöst (d. h. oxydiert) worden ist. Immerhin reichen einige dieser Werte an die vorstehenden heran und diese können als richtige angesehen werden, denn erstere sind durch Verbrennung der in Substanz abgeschiedenen Lignine direkt gefunden und nicht aus der Differenz des Kohlenstoffs vor und nach der Abtrennung der Lignine berechnet. Nach vorstehenden Analysen haben die Lignine + Cutin einen Kohlenstoffgehalt von 68—70 %; da aber das abgetrennte und für sich verbrannte Cutin einen gleichen Kohlenstoffgehalt hat, so kann dieser Gehalt auch den Ligninen allein zuerkannt werden.

c) Kohlenstoffgehalt der gelösten Substanzen.

Die vorstehend elementaranalytisch untersuchten Lignine + Cutin waren nach der mikroskopischen Untersuchung frei von Cellulose. Es fragt sich nun aber, ob umgekehrt durch die angewendeten Lösungsmittel neben der Cellulose auch Lignine, d. h. kohlenstoffreichere Verbindungen mitgelöst waren. Dieses ließ sich nur durch indirekte Berechnung feststellen, da die gelöste Substanz aus der Lösung sich nicht unverändert abscheiden und als solche nicht elementaranalytisch untersuchen ließ. Die Berechnung kann in üblicher Weise z. B. bei Tannenholz nach Behandeln mit Wasser wie folgt geschehen: 100,0 g wasser- und aschefreies Tannenholz[4] mit 49,85 % Kohlenstoff lieferten beim Dämpfen nur mit Wasser:

a) bei 3 Atm. 1 Stde. gedämpft;
Rückstand mit Kohlenstoff
91,02 %   50,44 %

b) bei 7 Atm. 10 Stden. gedämpft;
Rückstand mit Kohlenstoff
67,02 %   52,03 %

Hiernach berechnet sich der Kohlenstoffgehalt der gelösten Substanz wie folgt:

100,0 g Tannenholz enthalt. 49,85 g Kohlenstoff
91,02 g Rückstand a)   „   45,91 g   „
8,98 g gelöste Substanz enth. 3,94 g Kohlenstoff
$$\text{oder}\quad \frac{3,94 \times 100}{8,98} = 43,87\,\%$$

100,0 g Tannenholz enthalt. 49,85 g Kohlenstoff
67,02 „ Rückstand b)   „   34,87 „   „
32,98 g gelöste Substanz enth. 14,98 g Kohlenstoff
$$\text{oder}\quad \frac{14,98 \times 100}{32,98} = 45,45\,\%$$

---

[1] Neue Versuche über die Ausnutzung der Rauhfutterstoffe durch das volljährige Rind. Journ. der Landw. 1867, 1.

[2] R. Murdfield: Das Lignin und Cutin in chemischer und physiologischer Hinsicht. Dissertation Münster i. W. 1906.

[3] A. Fürstenberg: Das Verhalten der pflanz. Zellmembran während der Entwickelung in chemischer und physiologischer Hinsicht. Dissertation Münster i. W. 1906.

[4] D. h vorher mit Wasser und Alkohol-Benzol behandelt.

Auf diese Weise wurde für die gelöste Substanz nach verschiedener Behandlung erhalten:

Gelöst durch:

			Tannenholz	Buchenholz
1. Wasser bei 3 Atm. Druck und	1 Stunde Dämpfzeit		43,87%	43,59%
2. „ „ 7 „ „ „	10 Stunden „		45,45%	47,98%
3. 1%-ige Salzsäure b. 5 Atm. Druck u. 6 „ „			45,66%	44,46%
4. 41%-ige Salzsäure in der Kälte			45,92%	45,83%
5. 72%-ige Schwefelsäure in der Kälte			46,45%	45,88%

Ebenso wurde die Elementarzusammensetzung der gelösten organischen Substanz nach 6-stündiger Dämpfung der Rohfaser mit 1%-iger Salzsäure bei 5 Atm. Druck ermittelt, jedoch mußte hier die Berechnung des Kohlenstoffgehaltes der gelösten Substanz in der Weise erfolgen, daß statt des Ausgangsmateriales die Rohfaser = 100 gesetzt und das Lignin + Cutin auf die Rohfaser bezogen wurde. Folgendes Schema möge diese Berechnung erläutern:

Die Weizenkleie ergab in der wasser- und aschefreien Substanz 13,65 % Rohfaser (mit 54,51 % C) und 2,77 Lignin + Cutin (mit 70,03 % C) = 20,29 % der Rohfaser. Also ist

100,0 g Weizenkleie-Rohfaser nach J. König enthalten 54,51 g Kohlenstoff
20,29 „ Lignin + Cutin, bezogen auf Rohfaser, „ 14,21 „ „
79,71 g gelöste Substanz enthalten . . . . 40,30 g Kohlenstoff = 50,55 %

Es ergeben hiernach einen Kohlenstoffgehalt der durch Dämpfen mit 1%-iger Salzsäure (durchschnittlich 6 Stunden bei 5 Atm. Druck) gelösten Substanzen in Prozenten der wasser- und aschefreien Substanz:

Substanz	Lignin + Cutin durch 1%-ige Salzsäure		Kohlenstoff	Wasserstoff	Kohlenstoff der gelösten Substanz
	in Prozenten des Ausgangs-materials %	in Prozenten der Rohfaser %	%	%	%
Weizenkleie	2,77	20,29	69,95	7,42	50,55
Roggenkleie	2,91	29,16	69,28	7,80	47,85
Weizenstroh	6,78	16,18	67,43	5,62	(42,88)
Klee in der Blüte . . .	3,54	15,12	68,60	5,81	44,56
Kartoffelschalen . . .	11,06	28,46	69,23	6,47	51,20

Aus diesen Zahlen ist, wenngleich das Verfahren zu ihrer Berechnung nur annähernd richtige Werte liefern kann, doch so viel ersichtlich, daß der Kohlenstoffgehalt der gelösten Substanz nur in wenigen Fällen sich mit dem der Cellulose deckt und in den meisten Fällen auch noch höher liegt, als Pentosane verlangen. Man muß also auch nach diesen Untersuchungen annehmen, daß durch Behandeln der Zellmembran bezw. Rohfaser mit 72%-iger Schwefelsäure, 41%-iger Salzsäure oder durch 1%-ige Salzsäure unter Druck (5 Atm.), ja sogar schon durch Wasser allein unter Druck (10 Atm.) Stoffe gelöst werden, die einen höheren Kohlenstoffgehalt besitzen, als Hexosane und Pentosane verlangen, die also der Gruppe der Lignine zuzurechnen sind.

d) Elementarzusammensetzung des Cutins.

Der aus der Rohfaser von Weizenkleie und Kartoffelschale durch Dämpfen mit Salzsäure oder durch Behandlung mit 72 %-iger Schwefelsäure erhaltene Rückstand wurde mit Wasserstoffsuperoxyd und Ammoniak der Oxydation und nach dem Auswaschen und Trocknen der Elementaranalyse unterworfen. Diese ergab in Prozenten der wasser- und aschefreien Substanz:

Cutin aus	Kohlenstoff	Wasserstoff
Weizenkleie	69,82%	9,01%
Kartoffelschale	68,76%	9,06%

Nach früheren Untersuchungen wurde für Cutin folgende Zusammensetzung der wasser- und aschefreien Substanz gefunden:

Untersucher	Cutin aus	Kohlenstoff	Wasserstoff
1. Fremy	Apfelbaumblättern . .	73,66%	11,30%
	Grasheu	69,09%	11,76%
	Kleeheu	68,56%	10,80%
2. J. König u. R. Murdfield	Erbsenstroh	68,12%	9,65%
	Roggenkleie a) . . .	69,97%	12,40%
	„ b) . . .	68,76%	11,14%

Mit letzteren Analysen stimmen die vorstehenden bis auf den etwas geringeren Wasserstoffgehalt überein. Das Cutin hat daher einen ähnlichen Kohlenstoffgehalt wie Lignin.

W. Sutthoff[1]) verseifte das Cutin aus Roggenkleie (6,0 g) durch dreistündiges Kochen mit 150 ccm wässeriger 20 %-iger Kalilauge, löste aus der Seife den Alkohol direkt und aus der rückständigen Seifenlösung nach dem Ansäuern mit Schwefelsäure die abgeschiedenen Fettsäuren durch Ausschütteln mit Petroläther und fand für den alkoholischen und sauren Anteil des Cutins folgende Elementarzusammensetzung nebst Schmelzpunkt:

	Kohlenstoff	Wasserstoff	Schmelzpunkt
1. Alkoholischer Teil des Cutins	80,34%	13,36%	55—56°
2. Saurer „ „ „	69,09%	10,97%	etwa 30°

Die ersten Zahlen sprechen für Cetyl- bezw. Oktadekylalkohol[2]), die letzten, nämlich die der Säuren, für Nonyl- bezw. Caprinsäure[2]), sodaß man das Cutin als ein Gemisch von Nonylsäure-Cetylester und Caprinsäureoktadekylester, also als eine Wachsart, auffassen kann.

6. Löslichkeitsgrenze der Bestandteile der Zellmembran.

Schon früh in den 1830- und 1840-iger Jahren hat man sich mit der Zerlegung der Bestandteile der Zellmembran befaßt und nachgewiesen, daß sie durch Säuren, Alkalien und Oxydationsmittel voneinander getrennt werden können. Man hat indes für diese Trennungserzeugnisse verschiedene Bezeichnungen angewendet, weshalb es nicht unwichtig erscheint, diese hier kurz aufzuführen.

---

[1]) Zeitschr. f. Unters. d. Nahrungs- u. Genußmittel 1909. **17**, 62.

[2]) Diese Alkohole und Säuren verlangen:

	Cetylalkohol	Oktadekyl-alkohol	Nonylsäure	Caprinsäure
	$C_{16}H_{34}O$	$C_{18}H_{38}O$	$C_9H_{18}O_2$	$C_{10}H_{20}O_2$
Kohlenstoff	79,26 %	79,91 %	68,27 %	69,69 %
Wasserstoff	14,14 „	14,16 „	11,46 „	11,70 „
Schmelzpunkt	49—49,5°	59°	12,5°	31,40°

a) Die durch verdünnte Säuren aus der Zellmembran löslichen Bestandteile.

J. Erdmann[1]) behandelte die Konkretionen von Birnen zunächst mit verdünnter Essigsäure und hielt die Rückstände für chemische Verbindungen, die er „Glykodrupose" bezw. „Glykolignose" nannte, also Bezeichnungen, die an die jetzt von verschiedenen Seiten (vergl. oben S. 43) angewendeten Ausdrücke wie Lignocellulose, Pektocellulose usw. erinnern. Erdmann zerlegte die durch Essigsäure erhaltenen Rückstände durch Salzsäure und Salpetersäure wie folgt:

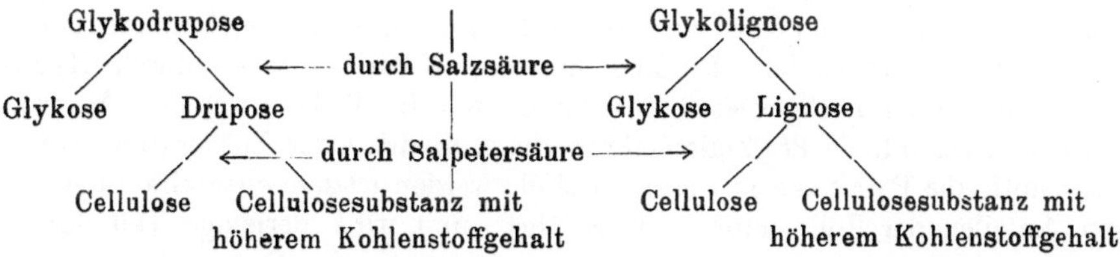

Fremy[2]) unterschied in der Zellmembran drei Arten von Cellulose, nämlich Cellulose, die direkt durch Kupferoxyd-Ammoniak löslich ist und durch pektinsaures Kupfer grün gefärbt wird, Paracellulose, die erst nach Behandeln der Substanz mit Säuren in Kupferoxyd-Ammoniak löslich ist, und Metacellulose, welche darin unlöslich ist. Dragendorff[3]) wendete dagegen zur Bestimmung der einzelnen Pflanzenbestandteile ein Verfahren an, welches dem heutigen Verfahren mehr oder weniger gleich ist, nämlich eine stufenweise Zerlegung des durch Wasser, Äther usw. behandelten Rückstandes mit verdünnten Säuren, verdünnten Alkalien und oxydierenden Mitteln, wobei er als Rest die eigentliche Cellulose erhielt. Er führt die durch verdünnte Salzsäure löslichen Bestandteile als Amylon, Parabin und Calciumoxalat auf.

b) Die durch verdünnte Alkalien löslichen Stoffe.

Als solche gibt Dragendorff (l. c.) pektin- und proteinhaltige Verbindungen an, während Fremy (l. c.) darunter eine Cellulosesäure annimmt, die aber wahrscheinlich mit der aus der folgenden Gruppe gebildeten Ligninsäure gleich ist.

c) Die durch Chlorwasser, Salzsäure, Salpetersäure und chlorsaures Kali u. a. oxydierbaren Stoffe.

Diese ursprünglich von Payen[4]) als inkrustierende Substanz bezeichneten Stoffe nannten später Dragendorff u. Fr. Schulze[5]) „Lignin" und diese Bezeichnung ist auch weiterhin beibehalten worden. Die von Fremy (l. c.) als „Vasculose" oder „Paracellulose" bezeichneten Stoffe der Zellmembran dürften hiermit identisch sein.

---

[1]) Ann. d. Chemie 138, 3. Erdmann: Über die Konkretionen der Birnen.

[2]) Compt. rend. 48, 202 u. 862; Jahrber. f. d. Fortschritte d. Chemie 1859.

[3]) Dragendorff: Die qualitative u. quantitative Analyse von Pflanzen u. Pflanzenteilen, Göttingen 1882.

[4]) Journ. prakt. Chemie 16, 436.

[5]) Fr. Schulze: Festschrift z. 400jähr. Jubelfeier d. Universität Greifswald: Beitrag z. Kenntnis d. Lignins u. seines Vorkommens im Pflanzenkörper; Chem. Zentralbl. 1857, 21, 321.

— 72 —

d) Die durch vorstehende drei Lösungsmittel nicht angreifbaren
Stoffe.

Hierfür hat Fremy zuerst den Namen „Cutin" bezw. „Cutose" eingeführt;
hiermit ist wohl die Bezeichnung „Cuticularsubstanz" gleichbedeutend. Ferner gehört
hierher auch das Suberin (die Korksubstanz) und Cerin; in der älteren Literatur
findet man auch die Namen „Pollenin", „Mudollin", die ebenfalls dieser Klasse zuzurechnen sein dürften.

Im allgemeinen hat man diese Gruppeneinteilung bis jetzt beibehalten. Nachdem E. Schulze[1]) aber in der Zellmembran neben dem Anhydrid der Glykose, dem
Glykosan, auch die Anhydride anderer Hexosen[2]), wie die Mannane und Galaktane
— z. B. in Samenschalen der Leguminosen, Kaffee u. a. — durch Hydrolyse mit
verdünnten Säuren nachgewiesen hat, ferner von B. Tollens[3]) und Mitarbeitern als
allgemeine Bestandteile der Zellmembran die Anhydride der Zuckerarten mit 5 Atomen
Kohlenstoff, die Pentosane, erkannt sind, werden letztere ebenfalls unter den bestän-
digen Anteilen der Zellmembran aufgeführt, und wird derjenige Teil der Hexosane,
der im Gegensatz zur eigentlichen Cellulose schon durch verdünnte Säuren hydrolysiert wird, „Hemicellulose" genannt.

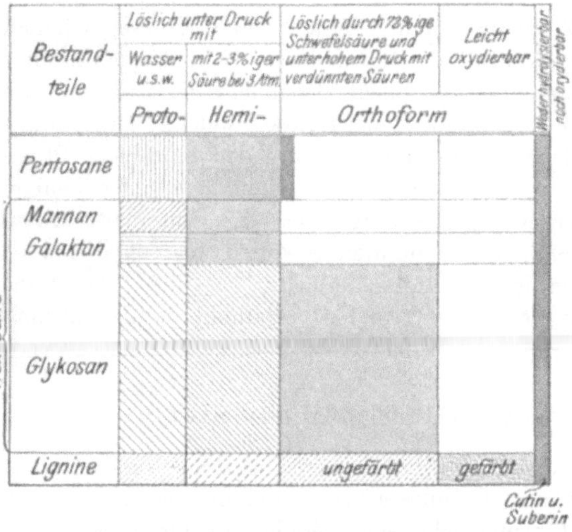

Wir haben aber gesehen, daß ein Teil der Hexosane und Pentosane, wie nicht minder ein Teil der Lignine schon durch Wasser unter mehr oder weniger großem Druck, ferner durch Enzyme (wie Diastase, Pepsin-Salzsäure) gelöst wird, und das hat J. König[4]) veranlaßt, bei den drei Stoffgruppen drei verschiedene Löslichkeitsstufen zu unterscheiden, die er „Proto"- „Hemi"- und „Ortho"-Stufen nennt, die durch die neben-stehende Abbildung (schematisch)

Bestand-teile	Löslich unter Druck mit		Löslich durch 78%ige Schwefelsäure und unter hohem Druck mit verdünnten Säuren	Leicht oxydierbar	Wider herausziehbar nach oxydierbar
	Wasser u. s. w.	mit 2-3%iger Säure bei 3 Atm.			
	Proto-	Hemi-	Orthoform		
Pentosane					
Mannan Galaktan					
Glykosan (Hexasane)					
Lignine			ungefärbt	gefärbt	

Cutin u. Suberin

vergl. auch diese Zeitschrift[5]) 1913, **26,** 278 veranschaulicht werden mögen, nämlich:

1. Ein Teil derselben ist ähnlich wie Stärke (bezw. Dextrin oder Gummi)
schon durch Wasser unter einem Druck von 2—3 Atm. löslich; er möge die Kenn-
zeichnung „Proto" führen.

2. Ein weiterer Teil bedarf zur Lösung verdünnter Mineralsäuren (etwa 2 bis
3%-iger) unter Anwendung von Kochhitze oder von 2—3 Atm. Druck; dieser Teil
möge in Anlehnung an die bereits eingeführte Bezeichnung „Hemicellulose" mit
„Hemi" bezeichnet werden; in 2–3%-iger Mineralsäure unter 2—3 Atm. Druck
sind sämtliche Pentosane bis auf einen kleinen Rest löslich; von ihnen gibt es durch-

---

[1]) W. Henneberg. Neue Beiträge z. Begründung einer rationellen Fütterung der
Wiederkäuer, Göttingen 1870, 19 u. 14.

[2]) Das Anhydrid der Fruktose, das Fruktosan, ist bis jetzt in der Zellmembran nicht
nachgewiesen.

[3]) Journ. Landw. 1905, **53,** 13 u. 1901, **4,** 11.

[4]) Vergl. J. König in Zeitschr. f. Untersuchung d. Nahrungs- u. Genußmittel 1913, **26,** 273.

weg keine weitere Löslichkeitsstufe mehr oder nur in ganz unbedeutender Menge. Zu dieser Gruppe gehören auch von den Hemihexosanen die Galaktane und Mannane, die in der noch schwerer löslichen Stufe, bei der wahren Cellulose, bis jetzt nicht gefunden sind.

3. Der dritte Teil der Hexosane und Lignine ist in kalter 72%-iger Schwefelsäure oder auch durch 1,0%-ige Salzsäure bei 5—7 Atm. Druck während 5—7 Stunden löslich und möge, weil die wahre Cellulose dadurch vollständig gelöst wird, als „Ortho"-Gruppe bezeichnet werden.

4. Nach der Behandlung der Zellmembran mit 72%-iger Schwefelsäure bleibt noch ein Teil der Lignine mit dem Cutin als braune bis schwarze Masse zurück und möge deshalb, weil er mit dem Teil 3 des Lignins durch Wasserstoffsuperoxyd und Ammoniak oxydiert werden kann, als Ortho-Lignin (gefärbt) bezeichnet werden im Gegensatz zu dem Teil 3 Ortho-Lignin (ungefärbt), weil es sich mit der Ortho-Cellulose in der 72%-igen Schwefelsäure durchweg farblos löst.

5. Das Cutin oder die Cutine (auch die Suberine gehören hierher) sind weder in 72%-iger Schwefelsäure, noch in Kupferoxyd-Ammoniak bezw. Zinkchlorid-Salzsäure löslich, noch durch Wasserstoffsuperoxyd und Ammoniak oxydierbar; es sind wachsähnliche Körper.

Die vier genannten Stoffgruppen sind in allen Pflanzenstoffen mehr oder weniger stets nebeneinander, aber in inniger Durchwachsung, Auf- oder Ineinanderlagerung[1]) und in wechselndem Verhältnis zueinander vorhanden. Da mit dem Wachstum der Pflanzen die Pentosane und Lignine — auch anscheinend die Cutine — im Verhältnis zu den Hexosanen stärker zunehmen als die Cellulose, so ist anzunehmen, daß das anfängliche Erzeugnis der Zellmembran aus einem Hexosan besteht, an und in welches sich die Pentosane und Lignine mehr und mehr ein- oder anlagern. Dabei dürften die Lignine durch Einlagerung von Methoxyl- oder Acetylgruppen aus den Hexosanen oder Pentosanen gebildet werden.

Weiter auch ist aus den Untersuchungen ersichtlich, daß die einzelnen Stoffgruppen in den Pflanzen nicht scharf abgegrenzt sind, daß es Übergänge von der einen zur anderen Löslichkeitsstufe derselben Stoffgruppe gibt und sich die Löslichkeitsstufen verschiedener Stoffgruppen gegen ein Lösungsmittel nicht gleich verhalten. Bei der Bestimmung z. B. der Stärke durch Diastase wird zweifellos auch eine geringe Menge Proto-Pentosane und -Hexosane, bei einer solchen durch Druck gewiss auch eine geringe Menge Proto-Lignine gelöst, und wird diese Menge die Bestimmung der Stärke als Glykose durch Reduktion mit Fehling'scher Lösung fehlerhaft beeinflussen[2]).

Auch ist das, was wir in der Analyse als Rohfaser bezeichnen, kein einheitlicher Rückstand, indem er bald mehr, bald weniger Cellulose neben Ligninen und Cutin enthält. Man kann die Lignine daraus durch Wasserstoffsuperoxyd und Ammoniak wegoxydieren, die Cellulose in Kupferoxyd-Ammoniak lösen und durch Alkohol wieder ausfällen, während das Cutin ungelöst zurückbleibt und für sich bestimmt werden kann. Aber ganz genau sind alle diese Trennungs- und Bestimmungsverfahren bis jetzt noch nicht und fragt es sich, ob solche bei der

---

[1]) Aus dem Grunde wird die Zellstruktur unter dem Mikroskop meist erst sichtbar, wenn der eine oder andere Bestandteil durch Aufschließungsmittel herausgelöst ist.

[2]) Am genauesten ist die polarimetrische Bestimmung der Stärke nach Lintner oder Ewers, weil hierbei nach hiesigen Erfahrungen die Proto-Pentosane und -Hexosane nicht störend wirken.

Verschiedenheit und den mannigfachen Löslichkeitsstufen der Stoffgruppen je gefunden werden. Aus dem Grunde sollte man zur Bestimmung der einzelnen Stoffgruppen international die gleichen Verfahren benutzen, damit die Ergebnisse unter sich wenigstens vergleichbar werden.

Wenngleich hierauf schon wiederholt aufmerksam gemacht ist, so werden doch bis in die neueste Zeit hinein und von den namhaftesten Chemikern die Begriffe Rohfaser und Cellulose in der chemischen Analyse fortgesetzt verwechselt. Bekanntlich ist auf dem Internationalen Kongreß für angewandte Chemie in London 1909 das Cellulosebestimmungsverfahren von Croß und Bevan als das vertrauenswürdigste erklärt, und wird dasselbe von den verschiedensten Seiten als maßgebend angesehen, ohne nachgeprüft zu haben, ob es in allen Fällen auch wirklich reine Cellulose liefert. Das ist nämlich nicht der Fall.

Das Verfahren von Croß und Bevan (l. c.), die sich der Wirkung des Chlorgases bedienen, ist ein Oxydationsverfahren [1]). Als solches ist es wohl imstande, die leicht oxydierbaren Lignine, nicht aber die Pentosane und sonstige Zellmembraneinlagerungen zu entfernen. Die Rückstände sehen zwar weiß wie Cellulose aus, sie enthalten aber nach eingehenden Untersuchungen von J. König und Fr. Hühn (l. c.) bei Holz und Gespinstfasern noch bis zu 67 % der ursprünglich vorhandenen Pentosane und auch noch ungefärbte Lignine.

Das neue Verfahren von B. Tollens [2]), beruhend auf der Oxydation der Weender-Rohfaser mit Salpetersäure, wird der nach J. König und Fr. Hühn für Rohfaser- und Cellulosebestimmungsverfahren nachgewiesenermaßen allein richtigen Grundlage einer Kombination von Hydrolyse und Oxydation grundsätzlich zwar gerecht, erreicht aber den Zweck auch nicht ganz, weil die hydrolytische Wirkung des Weender-Verfahrens meist nicht genügt, die Pentosane vollständig zu entfernen. Diese Pentosane werden aber bei der Oxydation durch Salpetersäure kaum angegriffen und finden sich daher in den Cellulosen, die durch Salpetersäurebehandlung aus der Weender-Rohfaser gewonnen sind, größtenteils wieder. In dem Bestreben, eine möglichst große Ausbeute an Cellulose zu erzielen, wird auf eine Prüfung der Reinheit der Präparate verzichtet, man begnügt sich vielmehr damit, die Rückstände für reine Cellulose zu halten, wenn sie weiß aussehen. In diesen Kardinalfehler verfällt sogar B. Tollens (l. c.), wenn er schreibt: „Ein Behandeln mit Wasserstoffsuperoxyd und Ammoniak war bei den von uns untersuchten Natron- und Sulfitcellulosen nicht erforderlich, da die aus diese nerhaltenen Cellulosen weiß waren". Schon der niedrige Gehalt von 45,52 % Cellulose nach König, die B. Tollens gefunden hat, steht im Widerspruch zu den von J. König und M. Braun (l. c.) gefundenen Zahlen. Diese haben Sulfitcellulosen aus vielen Sulfitzellstoffabriken Deutschlands untersucht und darin zwischen 66,16—82,05 %, im Durchschnitt 73,36 % Cellulose nach König

---

[1]) Die Behauptung von Croß und Bevan u. a., daß es sich bei der Bleichung mit Chlor um eine Chlorierung, d. h. um eine Bildung von Chloriden (z. B. Lignonchlorid) handele, ist von E. Heuser und R. Sieber (Zeitschr. f. angew. Chemie 1913, **26**, 801) widerlegt worden, die gefunden haben, daß sich nur eine geringe Menge eines Chlorids bei der Chlorbleiche bilde, daß aus dem Chlor vielmehr Salzsäure entstehe und zwar infolge gleichzeitiger Bildung von Essigsäure sogar mehr freie Säure, als der angewendeten Menge Chlor entspreche. Das Verfahren von Croß und Bevan ist daher ein Oxydationsverfahren.

[2]) Journ. Landw. 1913, **13**, 238.

gefunden. Und wenn schon der Entdecker der Pentosane diese unberücksichtigt und sich allein durch die weiße Farbe zu einem Urteil bestimmen läßt, so kann man von weniger unterrichteten Fachmännern solches mal erst recht nicht erwarten. Die nach dem Verfahren von Croß und Bevan erhaltenen Cellulosewerte werden allgemein deshalb für richtig gehalten, weil sie die höchsten sind.

In dem Bestreben diesen hohen Zahlen auch mit seinem Verfahren möglichst nahe zu kommen, hat B. Tollens den Weg beschritten, die nach seinem Verfahren erhaltenen Zahlen durch Multiplikation mit einem Faktor derart aufzubessern, daß die nach dem Verfahren von Croß und Bevan erhaltenen Zahlen erreicht werden. Um den Multplikationsfaktor zu ermitteln, hat B. Tollens mit Venkata Rao zahlreiche vergleichende Bestimmungen ausgeführt, deren Ergebnis sich dahin zusammenfassen läßt, daß dieser Faktor nahezu für jede Substanz ein anderer ist. Um den Faktor mit Sicherheit zu finden, ist man sonach gezwungen, neben der Cellulose nach Tollens auch stets die nach Croß und Bevan zu bestimmen. Da nun B. Tollens an dem Verfahren von Croß und Bevan eigentlich nur die Verwendung des Chlorgases aus Gesundheitsrücksichten auszusetzen hat, so wäre es, weil sich dieser Nachteil bei einiger Vorsicht vermeiden läßt, doch wohl am einfachsten, bei dem Verfahren von Croß und Bevan überhaupt zu bleiben, zumal ein Arbeiten mit konzentrierter Salpetersäure auch nicht gerade angenehm und unbedenklich ist.

Wir betonen jedoch ausdrücklich, daß wir uns diesem Vorschlage trotzdem nicht anschließen können, weil das auf Hydrolyse und Oxydation beruhende Verfahren nach Tollens im Prinzip zu richtigeren Cellulosewerten führen muß als das nach Croß und Bevan.

In einer kürzlich erschienenen Arbeit weist H. Stiegler[1] darauf hin, daß nach dem Weender-Verfahren hergestellte Rohfasern durchweg noch stark pentosanhaltig sind, und er versucht, das Verfahren durch Abänderung der Säuren- und Laugenkonzentrationen und der Erhitzungsdauer derart zu ändern, daß eine pentosanfreie und fast ligninfreie Rohfaser erhalten wird. H. Stiegler bemängelt auch, daß die Weender-Rohfasern sowohl wie die nach J. König oft schlecht zu filtrieren seien, und er gibt einige Filtrationsverbesserungen an, die uns aber derartig weitläufig und umständlich erscheinen, daß auf ihre Beschreibung hier nicht eingegangen werden kann. H. Stiegler's Verbesserungen sind indes derart, daß wir uns anheischig machen, in der gleichen Zeit mindestens doppelt soviel Rohfaserbestimmungen nach dem Dämpfverfahren von J. König auszuführen, als nach dem von Stiegler vorgeschlagenem Verfahren.

Eine noch größere Unklarheit und Verwechselung der Begriffe tritt in einer neueren Arbeit von K. Rördam[2] zutage. Zunächst rechnet Rördam die Cellulose der von ihm untersuchten Gras- und Kleearten nach der neuen Einteilung (S. 43) zu den Pektocellulosen, obschon Beltzer und Persoz (l. c.) die Cellulose der Stroh-(Zerealien-) Arten, wozu botanisch auch die Gräser gehören, zu den Lignocellulosen rechnen. Dann bestimmt Rördam die Cellulose, während für die sonstigen Bestandteile (Fett, Roh- und Reinprotein, Kohlenhydrate, Pentosane) die üblichen Verfahren

---

[1]) Journ. Landw. 1913, **61**, 399.

[2]) K. Rördam: Untersuchungen über d. chem. Zusammensetzung einiger Gras- u. Kleearten in versch. Reifestadien. Kgl. Danske Vidensk. Sdsk. Skriften, J. Rädke. Naturvidensk og Mathem. afd X, 4 Kopenhagen.

angewendet wurden, nach dem Verfahren von H. Müller mit Bromwasser und nennt den erhaltenen Rückstand „Pektocellulose", der aber wie alle allein nach Oxydationsverfahren erhaltenen Rückstände noch einen Teil der Pentosane und der sonstigen, die Cellulose begleitenden Stoffe einschließen mußte. Infolgedessen unterscheidet Rördam freie und gleichsam an Pektocellulose gebundene Pentosane. Er bestimmt die Gesamtpentosane in üblicher Weise, zieht darauf die des Oxydationsrückstandes ab und nennt die Differenz zwischen beiden die „freien Pentosane". Letztere sind aber ebensowenig frei als die in der zurückgebliebenen Cellulose, sondern sie sind als alkylierte Pentosane, als Lignine, aufzufassen, welche durch Brom oxydiert worden sind, während sich der Rest in der sog. Pektocellulose der Oxydation entzogen hat.

Rördam destillierte diese durch Oxydation erhaltene „Pektocellulose" zur Bestimmung der noch vorhandenen Pentosane mit Salzsäure vom spez. Gew. 1,06 und bestimmte in dem Destillationsrückstand die noch vorhandene unzersetzte Cellulose, die er als „Restcellulose" bezeichnet, die sich aber wie reine Cellulose verhielt. Daß diese Menge erheblich geringer war als die angewendete Pektocellulose, kann nicht verwundern, weil außer der Entfernung der Pentosane aus letzterer auch ein Teil der wahren Cellulose hydrolysiert war, wie der hohe Gehalt an Glykose im Filtrat ergab.

Das Cutin bestimmte Rördam durch 2-stündiges Behandeln der Pektocellulose mit Kupferoxyd-Ammoniak nach dem Vorschlage von J. König und R. Murdfield (l. c.). Er erhielt auf diese Weise im Vergleich zu dem Cellulosebestimmungsverfahren von J. König folgende Ergebnisse bei einigen aus einer größeren Anzahl willkürlich herausgegriffenen Gras- und Kleearten:

Substanz		1 Pekto-Cellulose in % des Ausgangsmateriales	2 Gesamt-Pentosane in % des Ausgangsmateriales	3 „Freie" Pentosane in % des Ausgangsmateriales	4 Pentosane der Pektocellulose in % der Pekto-Cellulose	5 Pentosane der Pektocellulose in % des Ausgangsmaterials	6 Cutin in % des Ausgangsmateriales	7 Differenz von 1 und 6. Cutinfreie Pekto-Cellulose in % des Ausgangsmateriales	8 König-Cellulose in % des Ausgangsmateriales
Ital. Raygras (Lolium italicum)	Heu ..	31,65	19,89	15,97	12,39	3,92	0,16	31,49	25,14
	Halm .	31,57	17,54	13,40	13,10	4,14	0,27	31,30	25,10
Knaulgras (Hundegras) (Dactylis glomerata)	Heu ..	37,08	20,37	15,24	13,85	5,13	1,35	35,73	28,54
	Halm .	37,37	15,84	10,15	15,25	5,69	1,53	35,84	28,80
Rotklee (Trifolium rubrum)	Heu ..	23,72	8,61	5,89	11,48	2,72	0,91	22,81	17,46
	Halm .	43,53	12,51	7,87	10,07	4,64	1,54	41,99	30,88
Wundklee (Anthyllis vulneraria)	Heu ..	27,07	11,28	7,04	15,65	4,24	1,05	26,06	20,44
	Halm .	48,68	16,24	8,86	15,11	7,38	1,46	47,40	46,65

Hiernach liegen die Zahlen für den Gehalt an „Cellulose König" um 1—11 % niedriger als die an „Pektocellulose Rördam", und daraus schließt Rördam: „Man hat keine Sicherheit, daß die Cellulose König, wie sie vorliegt, reine

Cellulose ist, denn sie enthält nicht mehr die Gesamtmenge jener Stoffe, welche das Pektocellulose-Molekül bilden."

Wenn aber Rördam von seiner Pektocellulose die noch vorhandenen Pentosane, ebenso wie das Cutin abziehen will, so sind die Unterschiede zwischen seiner und J. König's Cellulose, bei der die Pentosane vorher durch die Glycerinschwefelsäure herausgelöst sind, bei den meisten Proben nur noch gering. Aber das geht nach der Ansicht Rördam's nicht, denn zum Wesen seiner Pektocellulose gehört als Merkmal der Reinheit, daß sie in dem Molekül noch die in den Pektoverbindungen mit eingeschlossenen Pentosane enthält. Was also der „Cellulose König" als Vorteil angerechnet wird, nämlich, daß sie pentosanfrei ist, das ist nach Rördam eben ihr Nachteil. Das verstehe, wer kann. Unter „Cellulose" versteht man oder soll man nur das Anhydrid von Glykose (bezw. Hexosen) also n $(C_6H_{10}O_5)$ verstehen, und wenn sie noch andere Stoffe, etwa Hemicellulosen oder Lignine oder Cutin enthält, so ist sie eben keine reine, keine Orthocellulose, auch wenn sie weiß aussieht. Mit der Bezeichnung Ligno- oder Pektocellulose verstehen diejenigen Chemiker, welche eine solche Bezeichnung eingeführt haben, esterartige Verbindungen von wahrer Cellulose mit säureartigen Resten, z. B. Lignin- bezw. Pektinsäure, aus denen letztere durch Oxydationsmittel entfernt werden können, während die eigentliche Cellulose zurückbleibt.

Man sieht hieraus, zu welchen Verwirrungen Bezeichnungen führen können, welche aus unklaren oder gar unrichtigen Vorstellungen hervorgegangen sind. Denn daß die Vorstellungen über Ligno- und Pekto- usw. Cellulosen unrichtig sind, wird in dem folgenden Abschnitt gezeigt werden.

7. Mikroskopische Untersuchungen.

J. König und R. Murdfield hatten schon bei dem Cutin aus Gras- und Kleeheu, Weizen- und Roggenkleie, aus Erbsenstroh und später J. König und M. Braun bei dem Lignin aus Hanf und Tannenholz nach Behandlung desselben mit 72 %-iger Schwefelsäure die Beobachtung gemacht, daß die jeweiligen Rückstände schwach, aber deutlich die Struktur der ursprünglichen Materialien zeigten. Diese Erscheinung ist auch bei unseren Untersuchungen wieder zutage getreten; es ergaben sowohl die Rohfasern als solche, die Orthocellulose, die Lignine und das Cutin in den meisten Fällen mit geringer Ausnahme derjenigen, bei denen durch das Trocknen der ursprünglichen Materialien die Membranen ganz zusammengeschrumpft waren, so deutlich die Struktur ganzer Membranpartien oder ihrer einzelnen Schichten, daß sie photographisch festgehalten werden konnten[1]). Zum Beleg für diese Ansicht mögen hier folgende Abbildungen aus vorstehenden Untersuchungsgegenständen aufgeführt werden:

---

[1]) Es sei dazu bemerkt, daß außer den in den Abbildungen wiedergegebenen Membrananteilen meistens fast alle einzelnen Schichten derselben vorgefunden wurden, aber häufig von solcher Zartheit, daß ihre Überführung auf einen zweiten Objektträger oder eine andere geeignete Isolierung zur mikrophotographischen Aufnahme nicht immer hat gelingen wollen.

Die Rückstände von Tannenholz und Tannenholz-Rohfaser nach Behandlung mit 41 %-iger Salzsäure nach Willstätter zeigten so verquollene z. T. zerstörte Zellwandungen, daß sich diese Objekte aus Mangel an Klarheit zur photographischen Wiedergabe nicht eigneten.

Erklärungen der Figuren.

Weizenkleie.

Fig. 1. Die ersten drei Schichten der Schale: Epidermiszellen, Lang- und Querzellen. (Deutliche Tüpfel.)

Fig. 2. Die ersten drei Schichten der Schale: Epidermiszellen, Lang- und Querzellen. (Wie Fig. 1.) Die Tüpfel auch an den Enden der Querzellen deutlich zu sehen.

Fig. 3. Stück der Samenhaut. Die zweite Schicht, die zur ersten stumpfwinkelig verläuft, eben noch zu erkennen.

Fig. 4. Stück der Samenhaut. Die zwei einfachen Lagen der Samenhaut z. T. auseinandergeschlagen.

Tannenholz.

Fig. 5—8. Es zeigen alle vier Bilder die charakteristischen Teile des Coniferenholzes. Tracheiden mit Hoftüpfeln. Markstrahlen (klein getüpfelt).

Weizenstroh.

Fig. 9—12. Es zeigen alle vier Bilder deutlich die mehr oder weniger gewellten Wände der Epidermiszellen, dazwischen Kurzzellen und Spaltöffnungen. Ferner z. T. Ring- und Spiralgefäße.

Fig. 9. Auch Parenchymatisches Markgewebe.

Gras in der Blüte.

Fig. 13—16. Es zeigen alle vier Bilder deutlich die mehr oder weniger gewellten Wände der Epidermiszellen, dazwischen Kurzzellen und Spaltöffnungen. Ferner z. T. Ring- und Spiralgefäße.

Äpfelschale.

Fig. 17—20. Es zeigen alle vier Bilder die lückenlos aneinanderschließenden Zellen der Epidermis verschiedener Äpfel.

Kartoffelschale.

Fig. 21. In der Hauptsache eine Schicht des Periderms, darunter noch zwei weitere Schichten, weniger scharf hervortretend.

Fig. 22. Ein noch zusammenhängendes Stück der angeführten Zellen und einzelne losgelöste Zellen. Das Präparat erscheint bedeutend zarter als die anderen. Durch die lange oxydative Behandlung (10—14 Tage), die infolge der starken Cutinisierung der Kartoffelschalen (6,48% Cutin) erforderlich war, ist die Mittellamelle vielfach gelockert.

Fig. 23. Durch die Behandlung mit 72%-iger Schwefelsäure aufgehellt, die drei Schichten der Fig. 21 deutlicher zeigend.

Fig. 24. Trotz der aufeinander gefolgten Behandlung mit 72%-iger Schwefelsäure und Oxydation erscheinen die drei Zellschichten stärker als bei Fig. 22. Es handelt sich hier um das Periderm einer dickschaligen Kartoffel.

Neuseeländer Flachs.

Fig. 25—27. Teile der Epidermis und englumige Bastfasern.

Fig. 28. Nach Entfernung der Cellulose durch 72%-ige Schwefelsäure fehlen die Bastfasern, durchweg nur noch Zellgewebe der Epidermis.

Fig. 29. Lückenlos aneinanderschließende Zellen der Epidermis einer frischen Pflanze. Deutliche Abwechselung von Streifen mit und ohne Spaltöffnungen.

Fig. 30. Zellen der Epidermis mit und ohne Spaltöffnungen.

Mit den vorstehenden Ergebnissen, nach denen sich die Formelelemente der Zellmembran durch chemische Lösungsmittel in ihre Konstituenten zerlegen lassen, ohne daß ihre Struktur geändert wird, sondern die gleiche bleibt, läßt sich die Annahme einer chemischen Bindung der Konstituenten (vergl. S. 43) nicht vereinigen. Es ist daher angesichts dieser grundverschiedenen Anschauungen von Bedeutung, hier kurz auszuführen, wie die Botaniker die Entstehung und den Bau der Zellmembran auf Grund mikroskopischer Untersuchungen gefunden haben und sich vorstellen. Ohne auf die ältesten Arbeiten von Schleiden[1]), von Mohl[2]) und Payen (S. 6) hierüber näher einzugeben, sei hervorgehoben, daß Nägeli die erste grundlegende Hypothese über den Bau der Zellmembran aufgestellt hat.

Nach Nägeli[3]) bestehen die Bausteine der Membran aus winzigen, mikroskopisch nicht sichtbaren Teilchen oder Molekülkomplexen, denen Nägeli den Namen „Micelle" gab. Das verschiedene Verhalten der Membran z. B. beim Austrocknen oder gegen das polarisierte Licht ließ Nägeli annehmen, daß die Micellen polyedrisch und in bestimmter Weise angeordnet seien. Die Micellen schließen in ausgetrocknetem Zustande der Membran lückenlos aneinander, werden aber bei Zutritt von Wasser auseinander gedrängt, indem sich jede einzelne Micelle mit einer Wasserhülle umgibt, welcher Prozeß so lange fortschreitet, bis der Druck der Wasserhüllen der Kohäsionskraft der Micellen gleichkommt.

Wie nun das Wachstum der Zellhaut vor sich gehe, ob neugebildete Elemente innerhalb der vorhandenen entstehen oder doch zwischen die alten geschoben werden sollten, d. h. durch Intussusception, oder aber ob lediglich eine äußere Anlagerung neuer Stoffe, d. h. ein Wachstum durch Apposition stattfinde, ist lange gestritten und oft einseitig beantwortet worden. Die ersten klaren Anschauungen über die Wachstumsvorgänge der Stärkekörner von Nägeli[4]) beruhen zwar auf der unrichtigen Voraussetzung, daß das Wachstum derselben lediglich durch Intussusception vor sich gehe, was später von A. Schimper[5]) und A. Meyer[6]), nach deren Feststellungen in den meisten Fällen ein Wachstum der Stärkekörner durch Apposition stattfindet, widergelegt wurde, indes haben diese Darlegungen Nägeli's den Anstoß für alle weiteren Untersuchungen gegeben.

Nach der angegebenen Auffassung nahm Nägeli auch für die Zellhaut im allgemeinen ein Wachstum durch Intussusception an.

Spätere Forscher[7]), unter anderem Schmitz, Klebs, Noll, Wortmann, Wiesner kamen zu der gerade entgegengesetzten Anschauung, nämlich daß das Wachstum lediglich durch Apposition vor sich gehe, welche Ansicht in neuerer Zeit aber widerlegt[8]) ist, namentlich von Correns und Straßburger, sodaß die

---

[1]) Schleiden, Grundzüge d. wissensch. Botanik III, 3. Aufl., 1, 1884.

[2]) Flora 1840: H. v. Mohl, Über d. blaue Färbung d. vegetabil. Zellmembran durch Jod. Botan. Zeit. 1847, v. Mohl, „Bild. d. Cellulose d. Grundlage sämtlicher vegetabil. Membranen?"

[3]) Nägeli und Schwendener, Mikroskop, I. Aufl., 1867, II. Aufl., 1877, Abschnitt „Mikrochemie".

[4]) Physiologische Untersuchungen, II. Heft. Nägeli, Die Stärkekörner 1858.

[5]) Botan. Zeitung 1881, 181.

[6]) A. Meyer, Untersuchung über die Stärkekörner 1895.

[7]) Genauere Lit.-Angaben s. Pfeffer, Pflanzenphysiologie, II. Aufl., 2, 33.

[8]) Siehe Straßburger 1898, Jahrbuch f. wissensch. Botan. und Correns, Beiträge z. Morphol. u. Physiol. d. Pflanzenzellen 1893, 1 und 1892, 23, 326, ferner Correns in Pringsheim's Jahrb. 1894, 26, 587.

heutige Ansicht dahin geht, daß das Wachstum der Membran verschieden sei, in den meisten Fällen wohl durch Intussusception, aber auch nicht selten durch Apposition oder durch eine Kombination beider geschehe[1]).

Wie Nägeli und Schwendener[2]) annehmen und später von Correns[3]) nachgeprüft und sicher gestellt ist, beruhen Streifung und Schichtung der Membran auf einem Wassergehaltsunterschied der verschiedenen Schichten. Die helleren Schichten sind wasserreicher und weicher als die dunkleren wasserärmeren und gegen chemische Einflüsse widerstandsfähigeren Schichten.

Durch Maceration mit chlorsaurem Kali und Salpetersäure fand Correns nur eine Lockerung der dunkleren Schichten, keine Lösung, sodaß zur Trennung der verschiedenen Schichten noch ein gewisser Druck nötig war. Hieraus folgert Correns: „Die Lockerung kann nur in zweifacher Weise vor sich gehend gedacht werden, einmal so, daß aus der Masse der dunkleren Streifen eine Substanz herausgelöst wird, wobei ein erhaltenbleibendes Gerüst aus weniger oder nicht angegriffener Substanz — die mit derjenigen der helleren Streifen identisch sein könnte — die Verbindung der letzteren übernehmen würde, oder in der Weise, daß die Masse der dunkleren Streifen, aus leichter angreifbarer Substanz bestehend, in ihrer Gesamtheit von dem Macerationsmittel aufgelockert, verquellen würde."

Durch das Schulze'sche Macerationsgemisch soll aber nach C. Correns in Übereinstimmung mit Hofmeister[4]) nicht nur „Lignin" gelöst, sondern auch die Cellulose mit angegriffen werden, und darnach könnte die Substanz der dunkleren Schichten entweder als verschiedene chemische Individuen oder als physikalische Modifikation einer oder mehrerer Substanzen aufgefaßt werden.

Ausgehend von der Micellartheorie Nägeli's, nach der die wasserreicheren, weicheren Schichten aus kleineren, leichter angreifbaren Micellen bestehend zu denken seien, die rascher gelöst würden als die größeren Micellen der wasserärmeren, dichteren Schichten, schließt sich C. Correns auf Grund weiterer Erklärungen über die Streifung letzterer Ansicht an.

Nach einer anderen Zellhauttheorie von Wiesner[5]) besteht die Membran aus kleinen quellungsfähigen Körpern, den Dermatosomen, die durch Bindesubstanz zusammengehalten werden. Auf Grund der verschiedenen Widerstandsfähigkeit der einzelnen Membranpartien gegen chemische Einwirkungen kam Wiesner zu der Ansicht, daß die Streifung und Schichtung der Membran auf chemischen Differenzen beruhe, und aus demselben Grunde zerfiele die Membran beim Carbonisieren zuerst in Fibrillen und diese dann in die Dermatosomen.

In einer Besprechung der Zellhauttheorie von Wiesner widerlegt C. Correns diese Ansicht auf Grund seiner Versuche mit Schießbaumwolle und nitrierten Bastfasern von Apocynium. Man müsse annehmen, daß sowohl aus den Dermatosomen als auch aus der Bindesubstanz durch die Salpetersäure Nitrate gebildet würden, von denen diejenigen aus den Bindesubstanzen leichter gelöst werden könnten, als die aus den Dermatosomen entstandenen Nitrate, und daß daher die Stoffe der Bindesubstanzen in ihrem chemischen Verhalten der Cellulose nahe ständen. Die Ansicht von Wiesner und Mikosch, der gerade bei Fasern von Apocynium ein verschiedenes Ver-

(Fortsetzung S. 82).

---

[1]) Pfeffer, Pflanzenphysiologie II. l. c.
[2]) Mikroskop, II. Aufl., S. 245.
[3]) Pringsheim's Jahrbücher, 23, 1892.
[4]) Hofmeister, „Die Rohfaser und einige Formen der Cellulose". Landw. Jahrb. 1888, 17, 239.
[5]) Pringsheim's Jahrb. 24, 1896, 660.

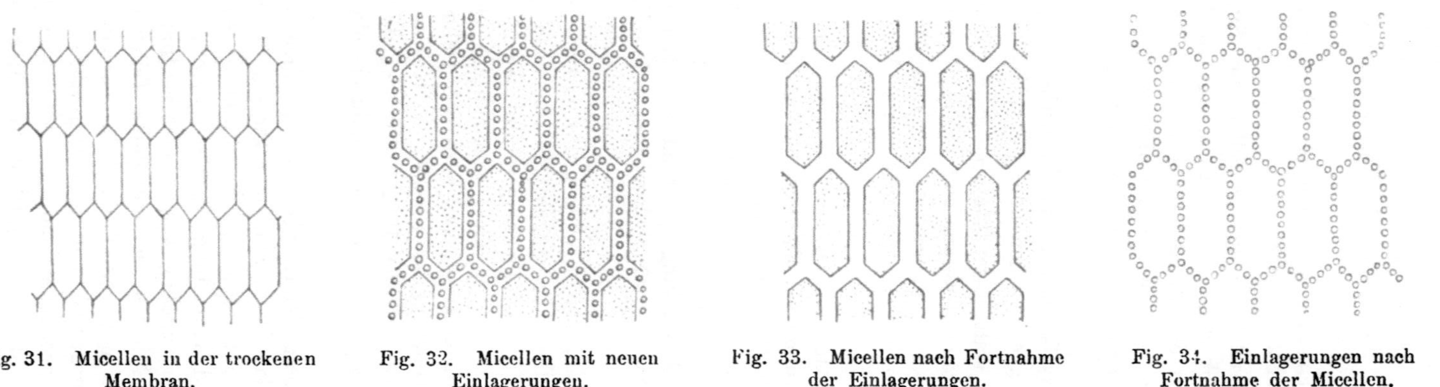

Fig. 31. Micellen in der trockenen
Membran.

Fig. 32. Micellen mit neuen
Einlagerungen.

Fig. 33. Micellen nach Fortnahme
der Einlagerungen.

Fig. 34. Einlagerungen nach
Fortnahme der Micellen.

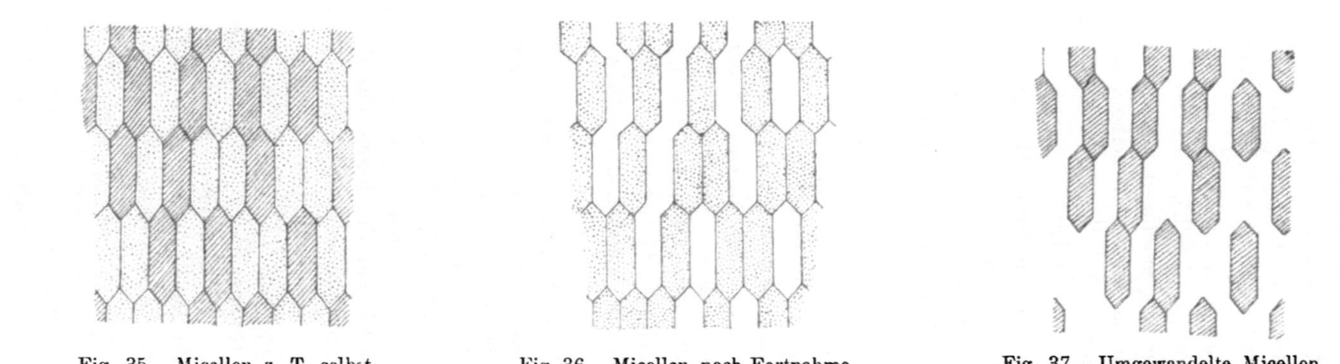

Fig. 35. Micellen z. T. selbst
chemisch umgewandelt (schraffiert).
Alte Micellen punktiert.

Fig. 36. Micellen nach Fortnahme
der umgewandelten Micellen.

Fig. 37. Umgewandelte Micellen
nach Fortnahme der ursprünglich
erhalten gebliebenen Micellen.

Fig. 31—37. Vergrößerte schematische Darstellung der Micellen und ihrer Umwandlungen nach Nägeli.

halten gegen Schwefelsäure und Kupferoxydammoniak, welches letztere die Bindung zuerst in longitudinaler Richtung löse, beobachtet haben wollte, widerlegt Correns an gleichem Material durch eingehende Versuche, nach denen der Quellungsvorgang bei beiden Reagenzien im wesentlichen gleich war.

Eine definitive Erklärung für das verschiedene Verhalten der Grundsubstanzen und ihrer Bindungen ist nach Correns zurzeit nicht zu geben.

Nach einer vergrößerten, schematischen Darstellung der Micellen im Sinne Nägeli's würden dieselben ein lückenloses Netzwerk bilden. Nimmt man nun an, daß Neubildungen sich vereinzelt hier und da zwischen die Micellen schieben, und dieser Vorgang sich des öfteren wiederholt, so kann man sich vorstellen, daß nach gewisser Zeit die einzelnen Micellen durch einen geschlossenen Ring von Neubildungen voneinander getrennt werden.

Ob diese neuen Einschiebungen dieselben physikalischen wie chemischen Eigenschaften haben wie die ursprünglichen Micellen, sei einstweilen unberücksichtigt.

Andererseits kann man sich vorstellen, daß statt neuer Einlagerungen anfangs auch hier und da vereinzelte Micellen selbst verändert werden und andere chemische Eigenschaften annehmen. Bei Wiederholung dieses Vorganges kann ein Netzwerk von abwechselnd chemisch veränderten und ursprünglich erhalten gebliebenen Micellen entstehen.

Gelingt es nun, entweder die neuen Einlagerungen von den Micellen oder die chemisch umgewandelten Micellen von den in ursprünglicher Form erhalten gebliebenen durch Lösen mittels irgend eines Reagenses zu trennen oder umgekehrt, so ergeben sich als Rückstände die verschiedensten Gebilde, und zwar einmal anscheinend locker liegende Micellen (Fig. 33, S. 81), das andere Mal das geschlossene Gerüst der neuen Einschiebungen (Fig. 34); oder nach der zweiten Auffassung jedesmal ein lockeres Gerüst, sei es von umgewandelten (Fig. 30) oder von ursprünglich erhaltenen Micellen (Fig. 37).

Diese letzte Darstellung erweckt den Anschein, als ob einmal das Gerüst der in ursprünglicher Form erhalten gebliebenen Micellen, das andere Mal die dazu gehörige Füllung von umgewandelten Micellen nicht zusammenhingen und die Membran daher auseinanderfallen müßte. Es läßt sich aber diese schematische Darstellung in der Ebene des Papieres nicht anders wiedergeben, man muß sich vielmehr vorstellen, daß die Verbindungen der einzelnen Micellen in den Flächen des Raumes, also vor und hinter der Ebene des Papieres, liegen. Unter Berücksichtigung dieser Bedingungen gewinnt auch diese letzte auf den ersten Blick etwas unwahrscheinliche Darstellung an Deutlichkeit.

Überträgt man diese Ausführungen auf größere Zellkomplexe, die in allen drei Flächen des Raumes liegen, so ist es denkbar, daß bei der an und für sich mikroskopisch nicht wahrnehmbaren Größe der Micellen infolge des Verschwindens einer großen Anzahl derselben wohl eine Lockerung und Aufhellung einer sonst stark verdichteten Membran eintreten kann. Stellt man sich weiterhin vor, daß die Einführung neuer Stoffe oder die Umwandlung der einzelnen Micellen in bestimmten Teilen der geschlossenen Membran stärker vor sich gegangen wäre als in anderen, so müßten diese Stellen durch das Reagens auch stärker angegriffen und gelockert werden; es könnte dadurch eine Schichtung der Membran hervortreten und bei noch weiter gegangener Umwandlung nur noch eine zarte Struktur der ursprünglich dichten Membran übrigbleiben.

Der Micellartheorie Nägeli's steht neuerdings eine andere Auffassung gegenüber. Nach Bütschli[1]) haben in quellbaren Körpern, so im Protoplasma und in Zellmembranen, die kleinsten Teilchen eine wabige Struktur, bei der der Durchmesser der einzelnen im Durchschnitt gleich großen Waben 1 μ betragen soll. Der Inhalt der Waben bestehe aus einer wässerigen Lösung des quellbaren Körpers, was aber bei der Grundmasse der Membran, der Cellulose, wohl nicht der Fall sein dürfte. Bei Zufuhr von Wasser sollen aber auch die Wabenwände selbst Wasser aufnehmen, welchen Vorgang Bütschli als chemischen Prozeß, als eine Hydratbildung, ansieht.

Die rein physikalische Wasseraufnahme nach Nägeli's Ansicht wäre wohl auf die Wabentheorie zu übertragen und ebenso die Bildung neuer Substanz zwischen den einzelnen Waben oder eine stellenweise chemische Umwandlung der letzteren selbst.

Es ließe sich also eine teilweise chemische Veränderung der ursprünglichen Membran mit der einen wie mit der anderen Theorie wohl vereinigen, dagegen eine vollständige Umwandlung in eine neue chemische Verbindung nicht, da ja in diesem Falle bei der oben erwähnten Behandlung mit einem geeigneten Reagens die ganze Membran verschwinden müßte.

Jede junge Zellmembran besteht aus Cellulose, aus der im Laufe des Wachstums der Pflanze zum Teil andere Stoffe gebildet werden. Auf Grund der jahrelangen Untersuchungen von J. König und Mitarbeitern kann man, wie schon mehrmals gesagt, annehmen, daß von den in pflanzlichen Geweben vorkommenden Inkrusten die Lignine aus der Cellulose durch Einlagerung von Alkylgruppen entstehen. Es müssen sich daher entsprechend den obigen Darlegungen über die verschiedenen Zellhauttheorien die Neubildungen, die Lignine, zwischen und neben der nicht verwandelten Cellulose finden, ohne mit dieser in chemischem Zusammenhange zu stehen. Eine absolut scharfe Scheidung zwischen reiner Cellulose an dieser und fertig gebildetem Lignin an jener Stelle läßt sich natürlich nicht machen, weil in allen Pflanzenteilen Urcellulose, Lignin und Übergangsformen von noch nicht hoch methylierter Cellulose sich nebeneinander befinden und man sich vorstellen muß, daß bei dem Übergang der Cellulose ($C_6H_{10}O_5$ mit 44,44 $^0/_0$ C) in einen Körper von z. B. mindestens $C_6H_6(CH_3)_4O_5$ = Lignin mit 55,00 $^0/_0$ C die Aufnahme der vier CH_3 Gruppen allmählich erfolgt.

An Querschnitten älterer und jüngerer Pflanzenteile lassen sich die Cellulose und ihre Umwandlungen bei Färbeversuchen mikroskopisch leicht erkennen. Bei Anwendung von Chlorzinkjod oder Jod und Schwefelsäure ist das intensive Blau der Cellulose von dem Gelb der Lignine wohl zu unterscheiden, wenn auch die Farbenunterschiede teilweise durch gegenseitige Verdeckung verschleiert werden. Es zeigt sich auch, daß mit dem Alter der Pflanzen die Gelbfärbung zunimmt, nebenher aber immer noch ein geringes Blau zu sehen ist.

Wenn man nun die Zerlegung der Membran kurz formulieren wollte, entweder bei Fortnahme der ursprünglichen Cellulose unter Hinterlassung der umgewandelten Cellulose = Lignin oder bei umgekehrten Vorgange, so wäre z. B. die Membran des Holzes:

Urcellulose = Restcellulose + Lignin

= Holz = Lignocellulose (nach Croß und Bevan und anderen), und je nach der Behandlung wären die Rückstände verschieden.

---

[1]) Bütschli, Untersuchungen über Strukturen 1898, 223.

Während nach diesen Ausführungen nur eine Form der Cellulose angenommen wird, stellen, wie schon erwähnt, Croß und Bevan und andere mehrere Arten von Cellulose auf. Es soll die ursprüngliche Cellulose unter Esterbildung gänzlich umgewandelt sein in Ligno-, Pekto-, Muco-, Adipo- oder Cutocellulose, und infolgedessen soll die Cellulose des Holzes eine andere sein als die des Strohes, des Hanfes oder der Jute, unterschieden durch einen wechselnden Kohlenstoffgehalt.

Es müßte demnach beispielsweise die Cellulose des Holzes bei der oben angedeuteten Behandlung ganz verschwinden. Dem aber widerspricht das mikroskopische Bild, denn wir haben beim Holz nach Entfernung der Lignocellulose, wenn wir diesen Ausdruck gebrauchen dürfen, stets die Struktur des Holzes, wenn auch nur zart, wiedergefunden, mit Jod und Schwefelsäure deutlich die Blaufärbung gebend.

Eine chemische Veränderung der Urcellulose findet also statt, der springende Punkt ist aber der, daß die Umwandlung allmählich und stets nur teilweise vor sich geht, daß sich dabei eine neue, selbständige chemische Verbindung bildet, und daß sich neben dieser immer gewisse Mengen der ursprünglichen Cellulose finden, auch bei ganz alten Pflanzenteilen. Infolge dieser allmählichen Veränderung müssen die Cellulose und ihre Umwandlungen, die sog. Inkrusten, ineinandergreifen, sich gegenseitig umschließen und durchwachsen sein.

In einer älteren Arbeit von Sanio[1]) finden sich farbige Wiedergaben von Schnitten des Kiefernholzes, angefertigt schon im Jahre 1867, welche bei ihrer Durchfärbung mit Chlorzinkjod ganz deutlich blau und gelb und deren Übergänge erkennen lassen. Da Sanio die allmählichen Übergänge von blau in gelb sehr eingehend als die Verholzung der jungen Membran beschreibt, ohne den inneren chemischen Zusammenhang erklären zu können, möchten wir nur eine dieser alten Abbildungen als Beleg unserer heutigen Auffassung der teilweisen Überführung der Cellulose in Lignin anführen und bildlich wiedergeben (Tafel IX).

Nach den obigen Ausführungen ist es wohl klar, daß unsere Auffassung, nach welcher die ursprüngliche Membran teilweise verändert wird, teilweise aber immer noch aus ihrem Urstoff, der reinen Cellulose, besteht, sich mit den Theorien von Nägeli oder Bütschli gut vereinigen läßt.

Wie steht es nun aber mit jener anderen Auffassung, nach welcher nur die Baumwolle reine Cellulose enthalten soll, während die Cellulose in den Zellmembranen aller anderen Pflanzen nicht als reine Cellulose, sondern nur verestert mit anderen Stoffen vorkommen soll?

Diese Auffassung ist zwar sehr bequem, denn sie erspart es dem Chemiker und Physiologen, reine Cellulose aus Holz, Stroh oder Gras usw. mit Hilfe des kombinierten Hydrolysations- und Oxydationsverfahrens darzustellen, er hat es nur nötig auf irgend eine Weise, meist mittels Oxydation, einen weißen Rückstand zu gewinnen, und wenn sich bei näherer Untersuchung nun ergibt, daß dieser Rückstand sich ganz anders verhält als die Idealform der Cellulose, wie sie in der Baumwolle vorliegt, dann heißt es: die Cellulose aus Holz oder Stroh oder Jute ist eben anders zusammengesetzt. Man gibt dem Rückstand einen Namen: Ligno-, Pekto-, Muco-, Adipo- oder Cutocellulose, und damit ist man einer weiteren Sorge, wie er zerlegt oder gereinigt werden könnte, überhoben.

---

[1]) Pringsheim's Jahrb., 9, Dr. K. Sanio, Anatomie der gemeinen Kiefer 1873/74.

In die Theorien von Nägeli oder Bütschli fügt sich diese Auffassung von der Existenz zusammengesetzter Cellulosen absolut nicht ein.

Diese Anschauung wird aber am schlagendsten dadurch widerlegt, daß wir, wie an den photographischen Bildern oben zu sehen ist, der Zellmembran mit Leichtigkeit einen oder mehrere ihrer Bestandteile entziehen können, ohne daß die Struktur der Zellmembran dabei zerstört wird. Diese Tatsache wäre nicht möglich, wenn eine einheitliche chemische Verbindung vorgelegen hätte, denn die chemische Zerlegung dieser Verbindung hätte doch selbstverständlich die physikalische Zerstörung ihrer Form zur Folge haben müssen.

Das ist aber nicht der Fall, also ist erwiesen, daß die einzelnen Bestandteile der Zellmembran, die Cellulose, die Lignine, die Pentosane in all ihren Entwickelungs- und Kondensationsstufen, die wir als Proto-, Hemi- und Orthomodifikationen unterschieden haben, nicht miteinander chemisch verbunden sind, sondern physikalisch gemengt, einander innig durchdringend und durchwachsend nebeneinander vorkommen.

Schon früher, 1877, hat R. Sacchse (l. c.) das vermutet, was wir heute bestätigt finden. Er vergleicht die chemischen Verhältnisse der Zellmembran mit einer Metallegierung. J. König hat einen noch deutlicheren Vergleich gewählt, indem er darauf hinweist, daß die Bestandteile in der Zellmembran in ähnlicher Weise durchwachsen sind, wie Leim und Kalkphosphat in den Knochen oder wie Kieselsäure und organische Substanz bei manchen Gramineen.

Zusammenfassung der Ergebnisse.

Die vorstehenden chemischen und mikroskopischen Untersuchungen sind geeignet, uns über die chemische und anatomische Beschaffenheit des schwer löslichen Anteiles der Zellmembran, der sog. Rohfaser, bei den verschiedensten Pflanzen Aufklärung zu geben.

Die chemischen Untersuchungen haben nämlich folgendes ergeben:

1. Man kann in der Zellmembran der von Proteinen, Fett, Wachs, Chlorophyll (bezw. ätherlöslichen Stoffen), Zucker und Dextrinarten, Stärke und in Wasser löslichen Säuren usw. befreiten Pflanzenstoffe neben Cutin (auch Cuticularsubztanz genannt) vorwiegend drei Gruppen von Körpern unterscheiden, nämlich: Die Anhydride von Pentosen und Hexosen, also Pentosane oder Hexosane (vorwiegend Glykosan) und Lignine (vorwiegend oder doch zum Teil alkylierte Pentosane oder Hexosane) mit einem wesentlich höheren Kohlenstoffgehalt als letztere.

2. Die Pentosane, Hexosane und Lignine kommen in allen Pflanzen in wechselnden Verhältnissen vor und besitzen, wenn auch unter sich quantitativ nicht proportional den vorhandenen Mengen, einen verschiedenen Löslichkeitsgrad bezw. eine verschiedene Kondensationsstufe, nämlich:

a) ein erster und kleiner Teil ist durch Enzyme, wie Diastase, Pepsin-Salzsäure oder durch Wasser unter 1—3 Atm. Überdruck löslich bezw. hydrolysierbar.

Er möge als Proto-Pentosane bezw. Proto-Hexosane (Proto-Cellulose) bezw. Proto-Lignine (d. h. Protoverbindungen mit höherem Kohlenstoffgehalt als Pentosane und Hexosane verlangen) bezeichnet werden.

b) Ein zweiter und größerer Teil ist durch Kochen oder Dämpfen (bei 1 bis 3 Atm. Überdruck) mit 1—3 %-iger Schwefelsäure, Salzsäure u. a. löslich bezw.

hydrolysierbar. Dieser Teil möge entsprechend der von E. Schulze eingeführten Bezeichnung „Hemicellulosen" mit „Hemi-Pentosane", „Hemi-Hexosane" und „Hemi-Lignine" bezeichnet werden.

Durch diese Behandlung werden außer einem Teil des überhaupt vorhandenen Glykosans alle sonstigen vorhandenen Hexosane, die Mannane und Galaktane ganz, sowie die Pentosane bis auf einen kleinen Rest gelöst.

c) Der dritte und größte Teil ist nur durch konzentrierte Säuren oder durch schwache Säuren unter starkem Druck löslich bezw. für die Lignine auch durch Oxydationsmittel oxydierbar und möge mit der Bezeichnung Ortho-Pentosane, Ortho-Hexosane (Orthocellulose) und Ortho-Lignine belegt werden.

Ortho-Pentosane finden sich meistens nur mehr in sehr geringen Mengen vor, dagegen enthält diese Orthogruppe außer der Ortho-Cellulose und dem Ortho-Lignin die ganze Menge des Cutins (oder der Cutine) und des Suberins.

3. Die Ortho-Gruppe (2c) läßt sich auf folgende Weise weiter zerlegen:

a) Durch schwache Oxydationsmittel, z. B. durch verdünnte Lösungen von unterchlorigsauren Salzen, durch freies Chlor oder Brom, durch Salpetersäure oder durch 3 %-iges Wasserstoffsuperoxyd und Ammoniak. Hierdurch werden die sämtlichen Lignine oxydiert, während die Ortho-Cellulose und die Cutine zurückbleiben. Letztere beiden lassen sich dadurch trennen, daß man sie mit Kupferoxyd-Ammoniak oder Zinkchlorid-Salzsäure behandelt, wodurch Orthocellulose gelöst wird, Cutin dagegen ungelöst bleibt.

b) Durch kürzere oder längere Behandlung mit 72 %-iger Schwefelsäure. Hierdurch werden Ortho-Cellulose (und der kleine Rest der Ortho-Pentosane) ganz gelöst; aber auch ein Teil des Ortho-Lignins geht hierbei in Lösung, weil die Menge des durch Oxydation erhaltenen Lignins stets größer ist als der durch Behandlung mit 72 %-iger Schwefelsäure zurückbleibende Teil + Cutin. Da die durch 72 %-ige Schwefelsäure erhaltene Lösung der Ortho-Cellulose farblos ist, so kann der mit in Lösung gegangene Teil des Ortholignins die Bezeichnung „farbloses oder ungefärbtes Ortho-Lignin", der unlöslich gebliebene, braun bis schwarz gefärbte Teil die Bezeichnung „gefärbtes Ortho-Lignin" erhalten.

Bei letzterem befindet sich wiederum das Cutin (bezw. die Cutine) oder Suberin, welche durch Behandlung des Rückstandes mit Oxydationsmitteln für sich gewonnen werden können.

c) Durch 5—6-stündiges Dämpfen bei 5—6 Atm. Überdruck mit 1 %-iger Salzsäure. Auch hierdurch läßt sich die Ortho-Cellulose vollständig von den Ortho-Ligninen und dem Cutin trennen. Die Menge der letzteren ist, besonders bei den Holzarten, höher als der durch Behandlung mit 72 %-iger Schwefelsäure erhaltene Rückstand, woraus geschlossen werden muß, daß durch die Salzsäure das ungefärbte Ortho-Lignin nicht oder weniger als durch die 72 %-ige Schwefelsäure angegriffen wird. Es ist daher auch aus diesem Grunde wieder anzunehmen, daß das Ortho-Lignin kein einheitlicher Körper sein kann, sondern zum mindesten aus zwei Verbindungen verschieden hoher Kondensationsstufe bestehend angenommen werden muß.

d) Durch Behandlung mit rauchender Salzsäure vom spez. Gew. 1,21 = 41,40 % HCl. Das Verfahren liefert nur nach längerer Einwirkung cellulosefreie Rückstände. Die Ausbeute an Lignin ist bei den direkt verarbeiteten, nur mit Benzol-Alkohol ausgezogenen Holzarten wesentlich höher als nach den obigen Verfahren, während bei Anwendung der Rohfasern die Werte naturgemäß viel niedriger liegen.

Es müssen also in den ersten Ligninen auch noch die durch das Rohfaserverfahren nach J. König entfernten Proto- und Hemilignine wenigstens noch zum Teil vorhanden sein. Im übrigen verhalten sich die nach b—d erhaltenen Lignine mehr oder weniger gleich und läßt sich auch aus den Rückständen von c—d durch Oxydation das Lignin quantitativ entfernen.

4. Das Cutin (bezw. die Cutine) und Suberin sind weder hydrolysierbar noch oxydierbar; sie sind wachsähnliche Verbindungen, die einen annähernd gleichen Kohlenstoffgehalt (69—70 %) wie die Lignine besitzen und sich nur durch einen höheren Wasserstoffgehalt (9—12 %) von ihnen unterscheiden.

5. Die direkt abgeschiedenen Lignine und Cutine haben einen Kohlenstoffgehalt von 67—70 %, die Lignine der Holzarten, die nur Spuren von Cutin enthalten, im Mittel 68,75 %; sie sind also wesentlich von Cellulose und Pentosanen unterschieden und unterliegen besonders leichter der Oxydation als diese.

6. Bei der Oxydation der Lignine entstehen neben Kohlensäure auch Ameisen- und Essigsäure. Da aber der aus den entstandenen Säuren berechnete Kohlenstoffgehalt weit geringer ist als der der zur Oxydation verwendeten Lignine verlangt, so müssen noch andere bisher nicht nachgewiesene Produkte entstehen. Auch bei längerer Oxydation der Cellulose (Verbandwatte und Filtrierpapier) mit Wasserstoffsuperoxyd, Ammoniak und Kalkwasser entstehen geringe Mengen genannter Säuren.

Da ferner die Lignine aller Pflanzenmembrane bei der Destillation mit Jodwasserstoff und Phosphor stets, wenn auch wechselnde Mengen Methyl, auf die Einheit 1000 bezogen, abspalten, so kann man daraus folgern, daß sie durch Anlagerung von Methyl- bezw. Methoxyl- oder Acetylgruppen an Cellulose entstehen, womit auch im Einklang steht, daß der Ligningehalt mit dem Alter der Pflanzen zunimmt, daß beispielsweise altes Kernholz weit ligninreicher ist als Zellmembranen junger Pflanzen.

7. Die Menge Methyl, welche sich aus den Ligninen verschiedener und verschieden alter Pflanzen abspaltet, ist indes so schwankend, daß es nicht möglich ist, den Ligningehalt einer Pflanze nach dem Vorschlage von Benedikt und Bamberger durch Bestimmung der Methylzahl und Multiplikation derselben mit einem bestimmten Faktor zu berechnen.

8. Da die die Cellulose begleitenden kohlenstoffreichen Verbindungen bei allen untersuchten Stoffen einen nahezu gleichen Kohlenstoffgehalt aufweisen und sämtlich wenn auch wechselnde Mengen Methyl bezw. Acetyl abspalten, so ist es nicht begründet, für die Begleitstoffe der Cellulose eine grundverschiedene Konstitution anzunehmen, und die Cellulosen je nach dem Begleitstoff in Ligno-, Pekto-, Muco-, Adipo- und Cuto-Cellulose einzuteilen. Die äußeren Verschiedenheiten der durch Behandeln der Pflanzenstoffe mit verdünnten Säuren und Alkalien bezw. mit Glycerinschwefelsäure erhaltenen Rückstände, der Rohfasern, kann auch recht wohl aus dem verschiedenen Mengenverhältnis der Bestandteile (aus dem Verhältnis von Cellulose zu dem kohlenstoffreichen Begleitstoff und dem Cutin) und ferner in der verschiedenen Höhe und Art der Alkylierung sowie der Kondensationsstufe erklärt werden.

Die mikroskopischen Untersuchungen ergaben:

9. daß es völlig irrig ist, zwischen der Cellolose und ihren Begleitstoffen eine chemische Verbindung anzunehmen. Denn die nach den verschiedenen Behandlungsweisen des Ausgangsmateriales erhaltenen Rückstände, die Rohfasern, Cellulose, Lignin und Cutin, zeigen, wie wir gesehen haben, noch sehr deutlich die ursprüng-

liche Struktur der Pflanzenmembran, und stehen mit dieser Auffassung auch sehr wohl die Ansichten der Botaniker über die Entstehung und den Bau der Pflanzenzelle im Einklang. Man muß hiernach in der Zellmembran ein inniges Gemenge, eine Durchwachsung verschiedener Substanzen annehmen, von denen die eine oder die andere dem geschlossenen Ganzen entzogen werden kann, ohne daß dabei das ursprüngliche Gefüge zerstört wird. Läge in der Zellmembran eine wirkliche chemische Verbindung zwischen Cellulose und Nichtcellulose vor, so würde durch die Entfernung einzelner Bestandteile ihre Form nicht erhalten bleiben können. Es ist daher die nach dieser Auffassung aufgestellte chemisch-physiologische Einteilung der Pflanzencellulose in Ligno-, Pekto-, Muco-, Adipo- und Cutocellulose als verschiedene chemische Verbindungen nicht mehr haltbar.

Zellmembran der Weizenkleie.

Fig. 1.

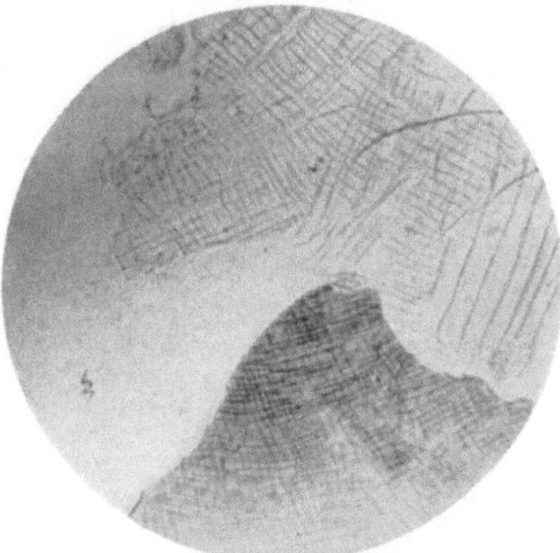

Rohfaser.
(Glycerinschwefelsäure-Verfahren von J. König.)
Besteht aus: Cellulose + Lignin + Cutin.
Vergr. 70.

Fig. 2.

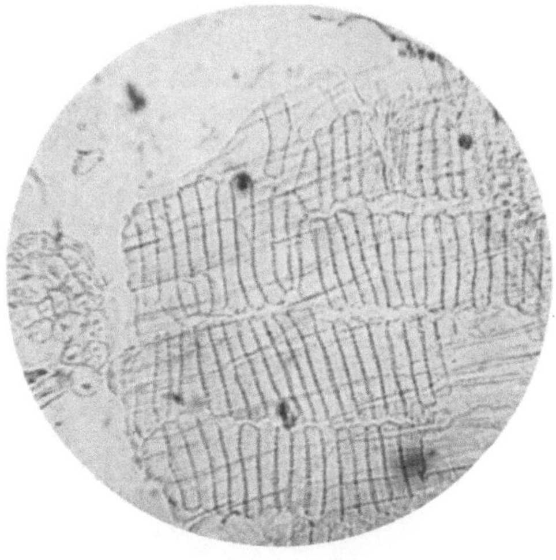

Cellulose + Cutin.
Nach Entfernung des Lignins durch Oxydation der
Rohfaser mit Wasserstoffsuperoxyd und Ammoniak.
Vergr. 110.

Fig. 3.

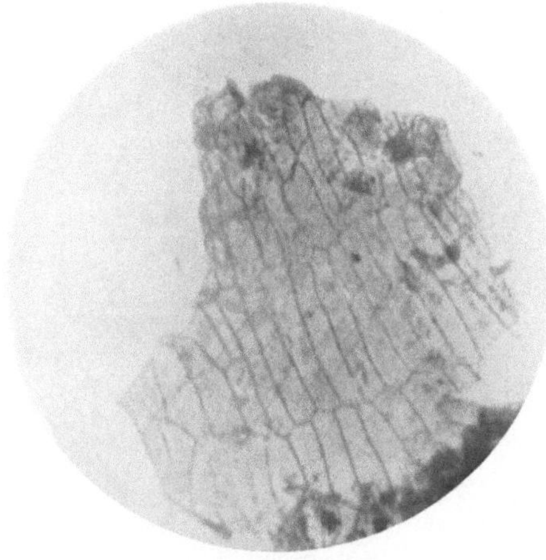

Lignin + Cutin.
Nach Entfernung der Cellulose durch Behandlung
der Rohfaser mit 72%iger Schwefelsäure.
Vergr. 140.

Fig. 4.

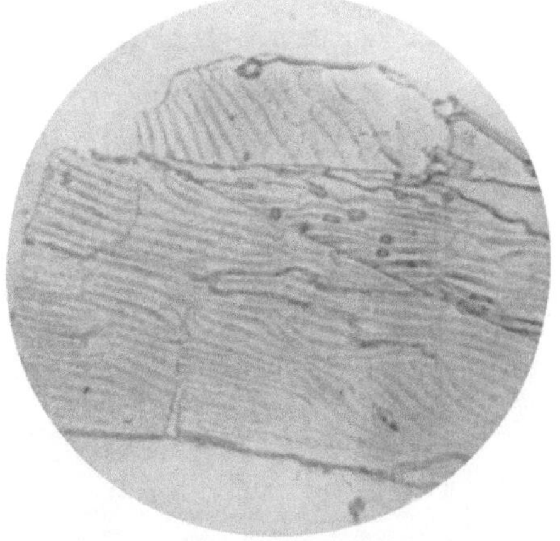

Cutin.
Nach Entfernung der Cellulose und des Lignins
durch aufeinanderfolgende Behandlung der Rohfaser mit 72%iger Schwefelsäure und Wasserstoffsuperoxyd + Ammoniak.
Vergr. 100.

König-Rump, Chemie und Struktur der Pflanzen-Zellmembran.

Zellmembran von Tannenholz.

Fig. 5.

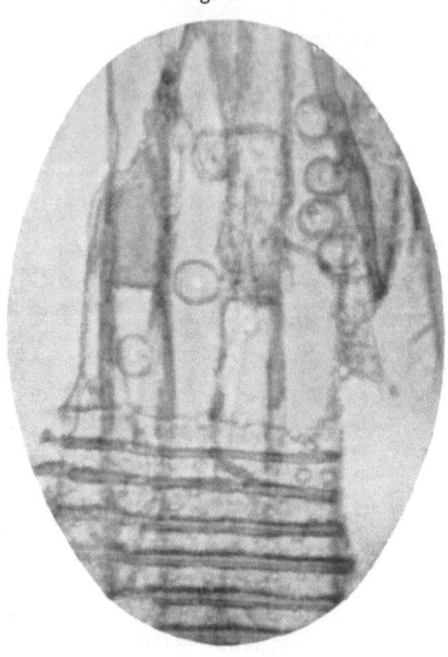

Zellmembran durch Benzol-Alkohol und Wasser
von Harz und wasserlöslichen Stoffen befreit.
Vergr. 270.

Fig. 6.

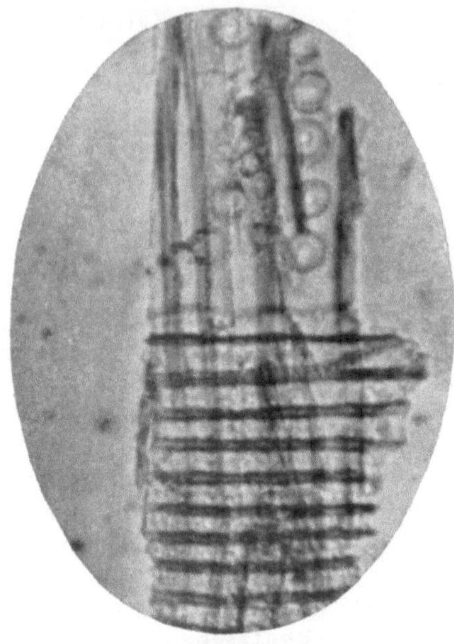

Rohfaser.
(Glycerinschwefelsäure-Verfahren von J. König.)
Besteht aus: Cellulose + Lignin + Cutin.
Vergr. 270.

Fig. 7.

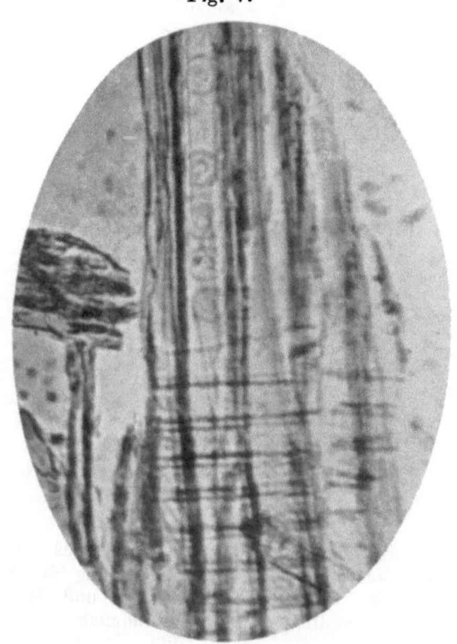

Cellulose + Cutin.
Nach Entfernung des Lignins durch Oxydation der
Rohfaser mit Wasserstoffsuperoxyd und Ammoniak.
Vergr. 270.

Fig. 8.

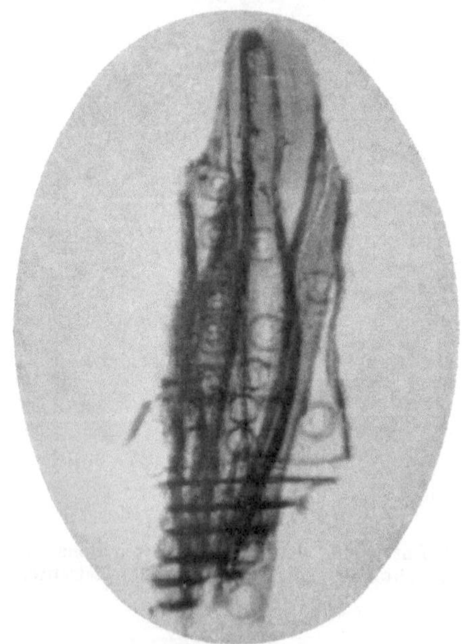

Lignin + Cutin.
Nach Entfernung der Cellulose durch Behandlung
der Rohfaser mit 72%-iger Schwefelsäure.
Vergr. 270.

Zellmembran von Weizenstroh.

Fig. 9.

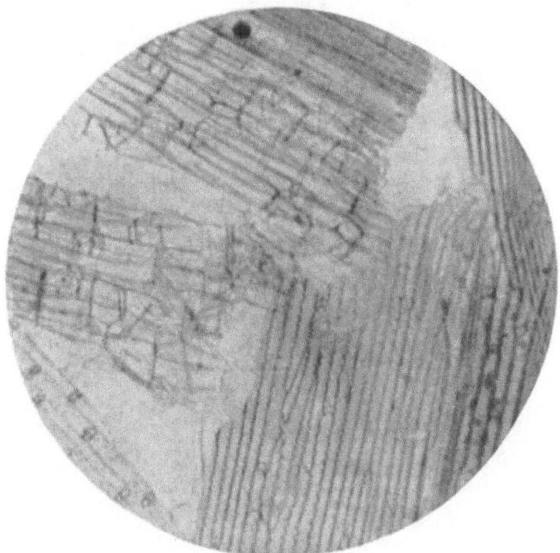

Rohfaser.
(Glycerinschwefelsäure-Verfahren von J. König.)
Besteht aus: Cellulose + Lignin + Cutin.
Vergr. 70.

Fig. 10.

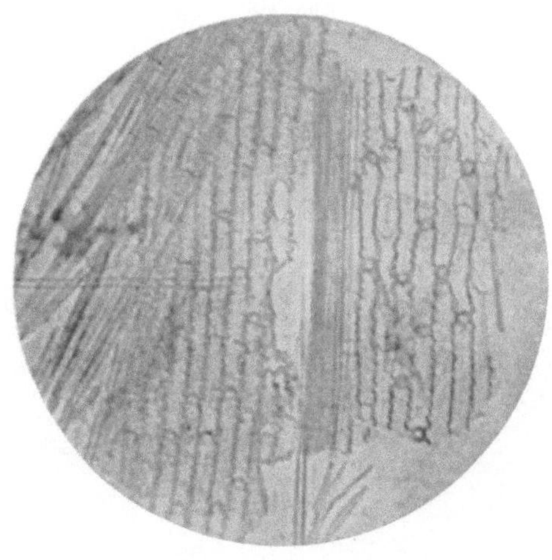

Cellulose + Cutin.
Nach Entfernung des Lignins durch Oxydation der
Rohfaser mit Wasserstoffsuperoxyd und Ammoniak.
Vergr. 80.

Fig. 11.

Lignin + Cutin.
Nach Entfernung der Cellulose durch Behandlung
der Rohfaser mit 72 %-iger Schwefelsäure.
Vergr. 70.

Fig. 12.

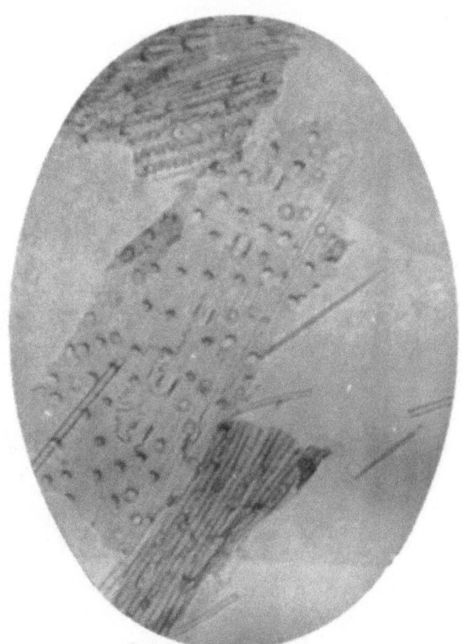

Cutin.
Nach Entfernung der Cellulose und des Lignins
durch aufeinanderfolgende Behandlung der Rohfaser mit 72 %-iger Schwefelsäure und Wasserstoffsuperoxyd + Ammoniak.
Vergr. 80.

König-Rump, Chemie und Struktur der Pflanzen-Zellmembran.

Zellmembran von Gras in der Blüte.

Fig. 13.

Rohfaser.
(Glycerinschwefelsäure-Verfahren von J. König.)
Besteht aus: Cellulose + Lignin + Cutin.
Vergr. 70.

Fig. 14.

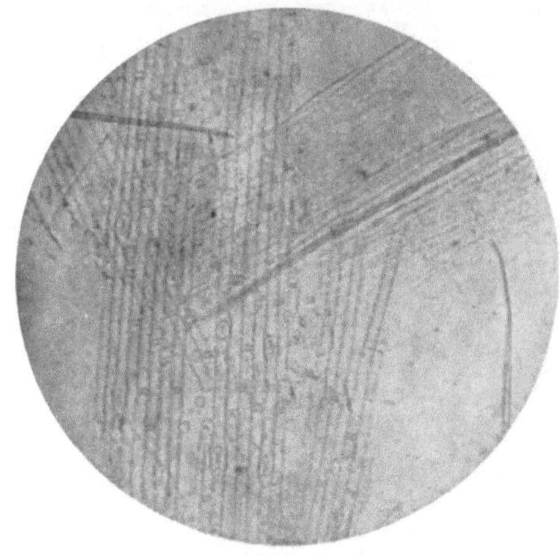

Cellulose + Cutin.
Nach Entfernung des Lignins durch Oxydation der
Rohfaser mit Wasserstoffsuperoxyd und Ammoniak.
Vergr. 70.

Fig. 15.

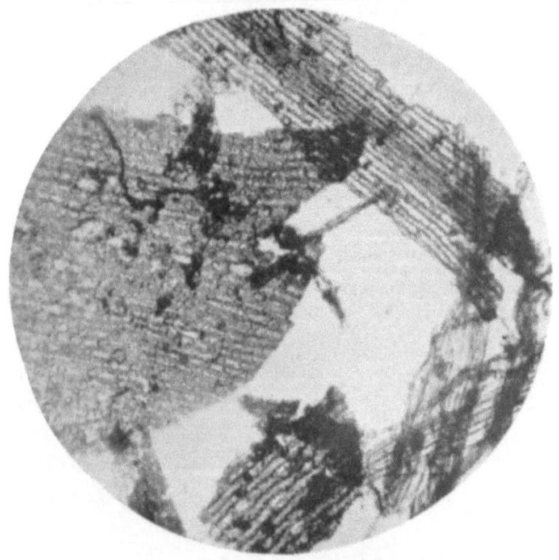

Lignin + Cutin.
Nach Entfernung der Cellulose durch Behand-
lung der Rohfaser mit 72%-iger Schwefelsäure.
Vergr. 80.

Fig. 16.

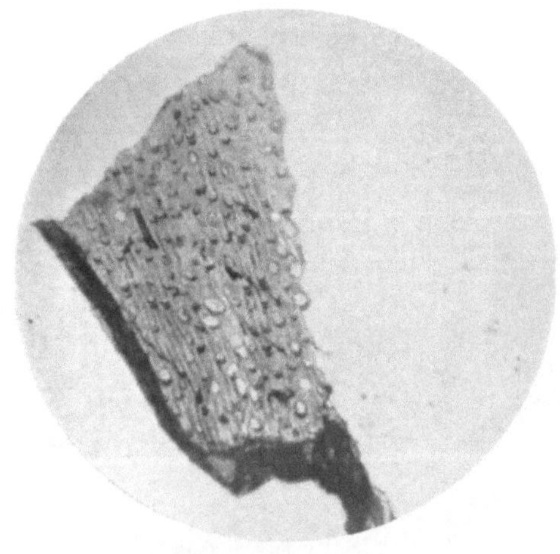

Cutin.
Nach Entfernung der Cellulose und des Lignins
durch aufeinanderfolgende Behandlung der Rohfaser mit 72%-iger Schwefelsäure und Wasserstoffsuperoxyd + Ammoniak.
Vergr. 80.

König-Rump, Chemie und Struktur der Pflanzen-Zellmembran.

Zellmembran der Apfelschale.

Fig. 17.

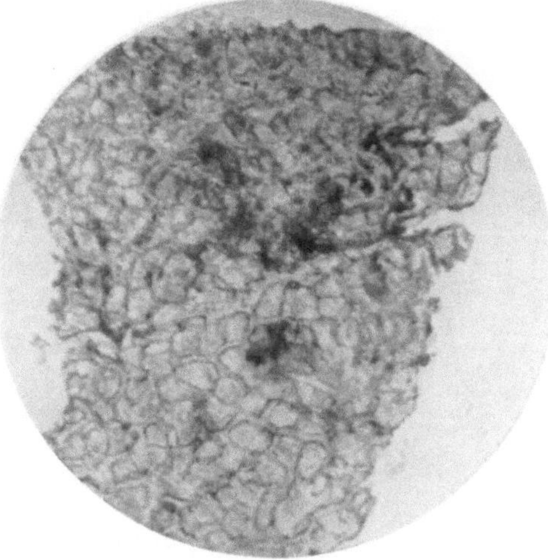

Rohfaser.
(Glycerinschwefelsäure-Verfahren von J. König.)
Besteht aus: Cellulose + Lignin + Cutin.
Vergr. 100.

Fig. 18.

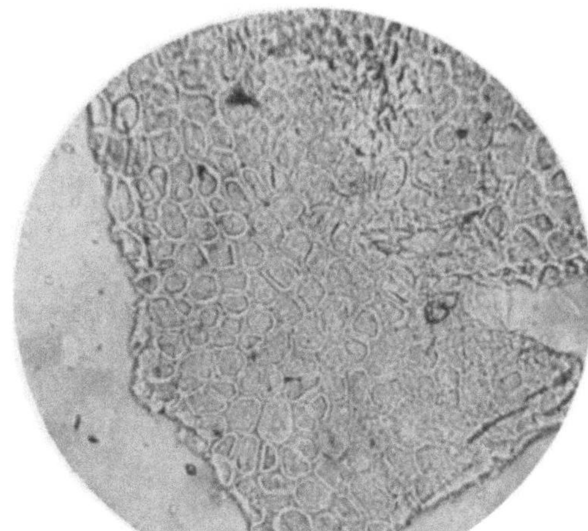

Cellulose + Cutin.
Nach Entfernung der Lignine durch Oxydation der
Rohfaser mit Wasserstoffsuperoxyd und Ammoniak.
Vergr. 100.

Fig. 19.

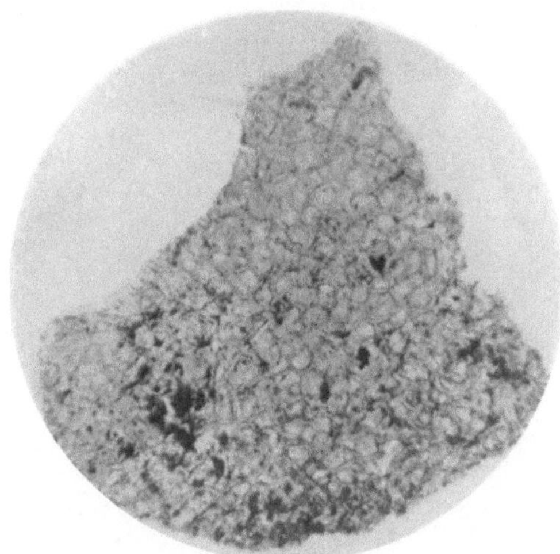

Lignin + Cutin.
Nach Entfernung der Cellulose durch Behand-
lung der Rohfaser mit 72 %-iger Schwefelsäure.
Vergr. 100.

Fig. 20.

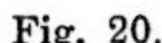
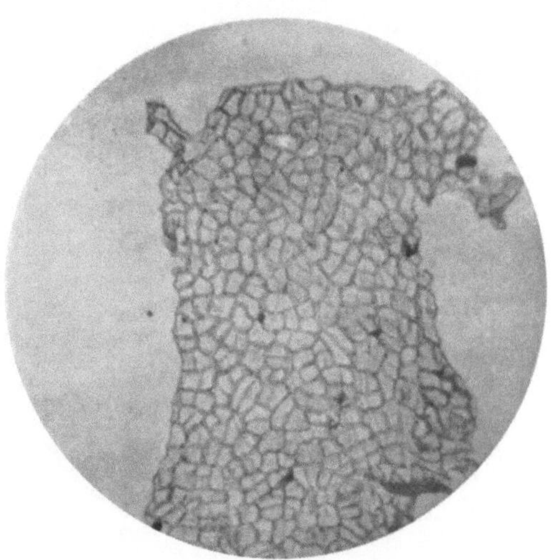

Cutin.
Nach Entfernung der Cellulose und des Lignins
durch aufeinanderfolgende Behandlung der Rohfaser mit 72 %-iger Schwefelsäure und Wasserstoffsuperoxyd + Ammoniak.
Vergr. 100.

König-Rump, Chemie und Struktur der Pflanzen-Zellmembran.

Zellmembran der Kartoffelschale.

Fig. 21.

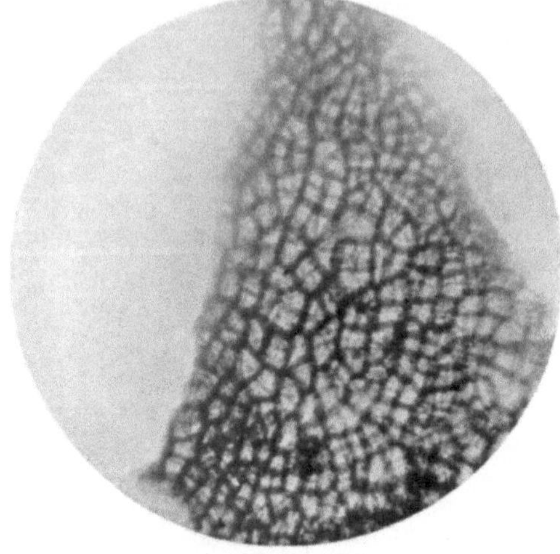

Rohfaser.
(Glycerinschwefelsäure-Verfahren von J. König.)
Besteht aus: Cellulose + Lignin + Cutin.
Vergr. 50.

Fig. 22.

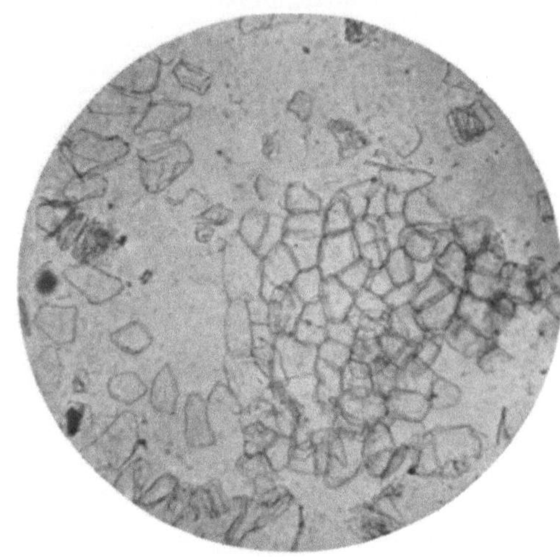

Cellulose + Cutin.
Nach Entfernung des Lignins durch Oxydation der
Rohfaser mit Wasserstoffsuperoxyd und Ammoniak.
Vergr. 70.

Fig. 23.

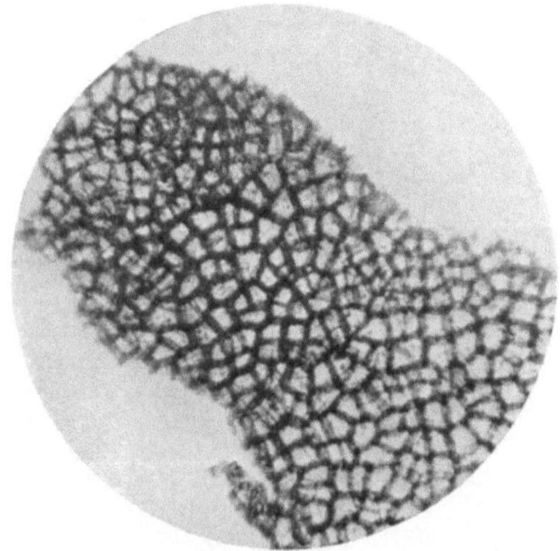

Lignin + Cutin.
Nach Entfernung der Cellulose durch Behandlung
der Rohfaser mit 72 %-iger Schwefelsäure.
Vergr. 50.

Fig. 24.

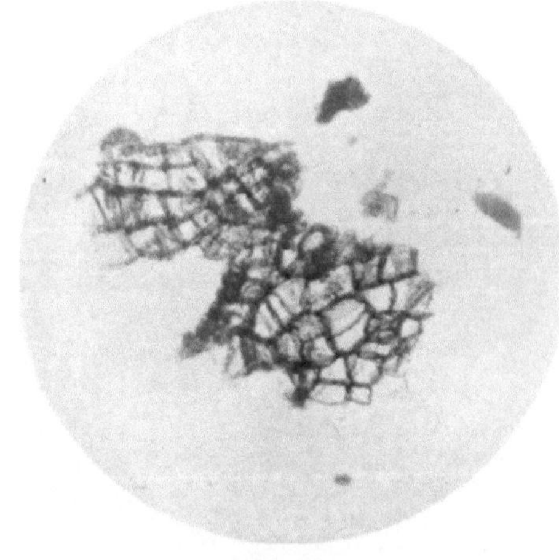

Cutin.
Nach Entfernung der Cellulose und des Lignins
durch aufeinanderfolgende Behandlung der Rohfaser mit 72 %-iger Schwefelsäure und Wasserstoffsuperoxyd + Ammoniak.
Vergr. 80.

Zellmembran von Neuseeländer Flachs.

Fig. 25.

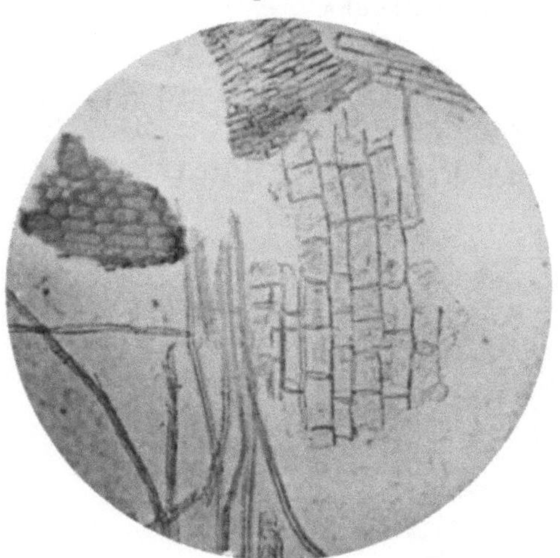

Zellmembran, durch Benzol-Alkohol und Wasser
von Harz und wasserlöslichen Stoffen befreit.
Vergr. 80.

Fig. 26.

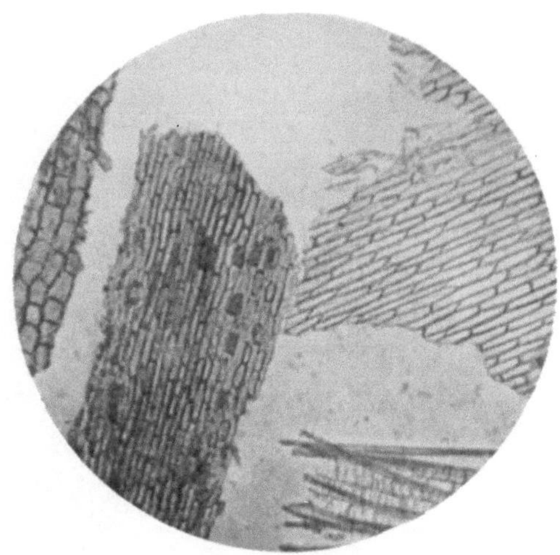

Rohfaser.
(Glycerinschwefelsäure-Verfahren von J. König.)
Besteht aus: Cellulose + Lignin + Cutin.
Vergr. 70.

Fig. 27.

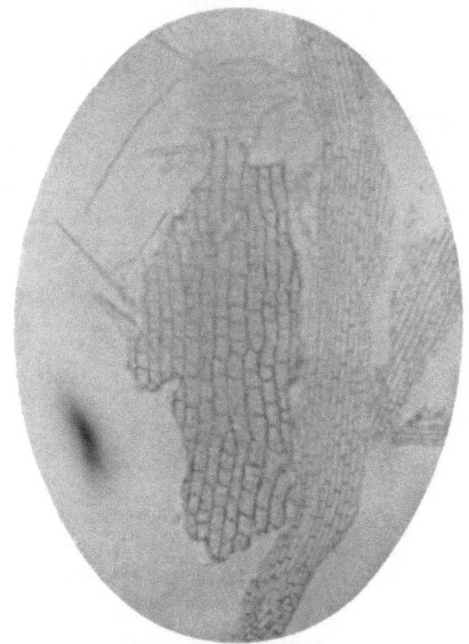

Nach Entfernung des Lignins durch Oxydation der
Rohfaser mit Wasserstoffsuperoxyd und Ammoniak.
Vergr. 70.

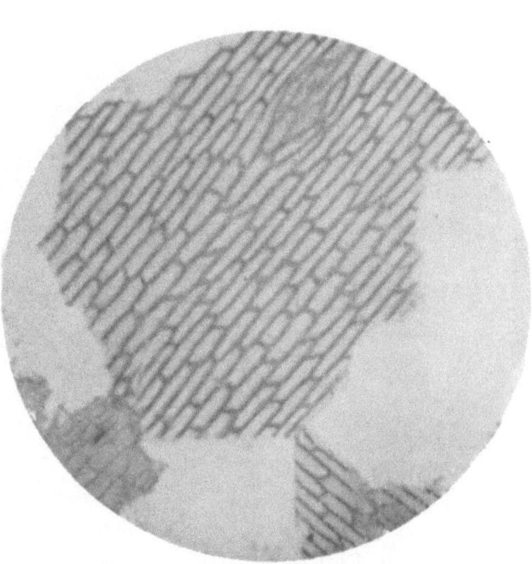

Lignin + Cutin.
Nach Entfernung der Cellulose durch Behandlung
der Rohfaser mit 72 %-iger Schwefelsäure.
Vergr. 80.

König-Rump, Chemie und Struktur der Pflanzen-Zellmembran.

Fortsetzung von Neuseeländer Flachs.

Fig. 29.

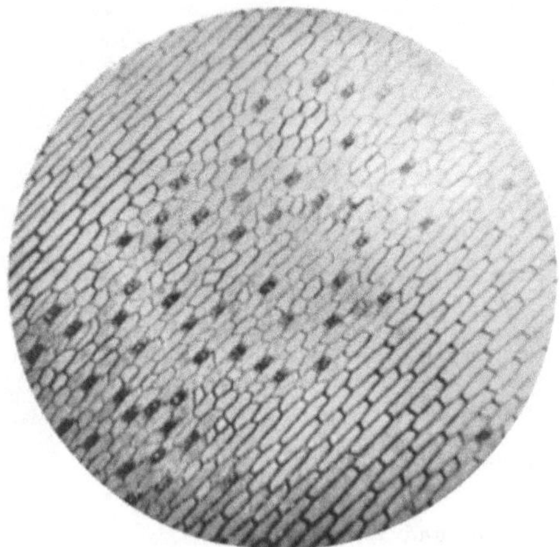

Lignin + Cutin
aus frischer Pflanze. Nach Entfernung der Cellulose durch Behandlung der Rohfaser mit
72 %-iger Schwefelsäure.
Vergr. 100.

Fig. 30.

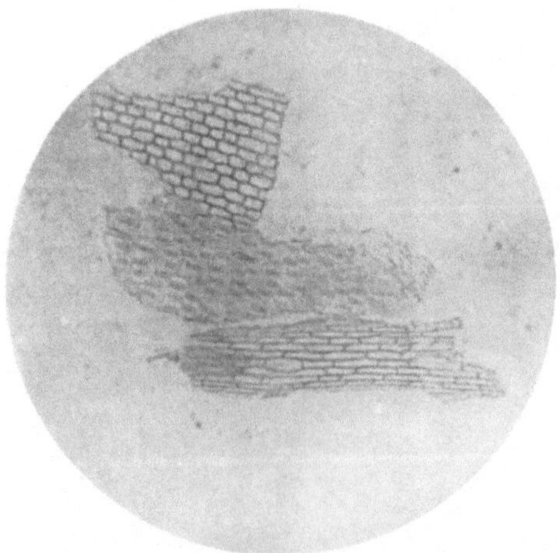

Cutin.
Nach Entfernung der Cellulose und des Lignins durch aufeinanderfolgende Behandlung
der Rohfaser mit 72 %-iger Schwefelsäure und Wasserstoffsuperoxyd + Ammoniak.
Vergr. 70.

Färbung durch Chlorzinkjod.

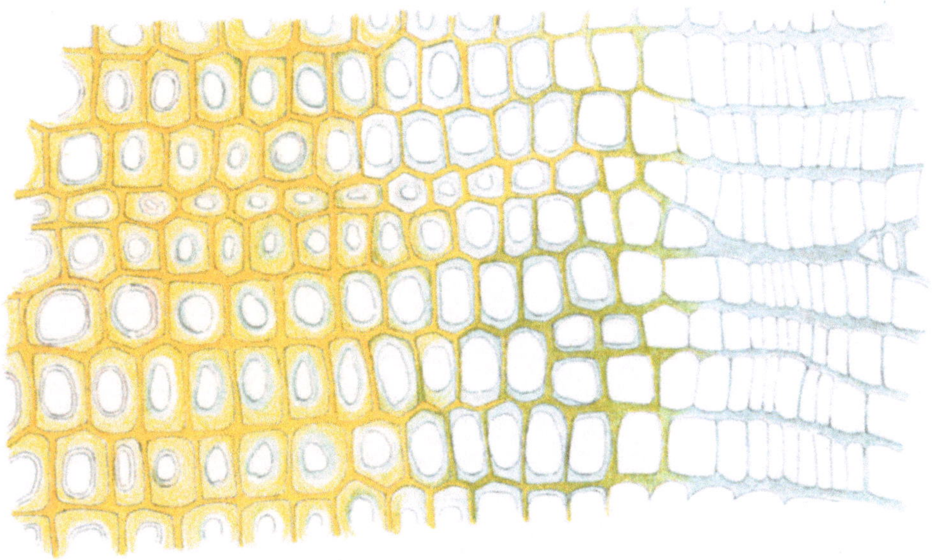

Fig. 38. Querschnitt durch Kiefernholz.